五星红旗迎风飘扬

大国利器

海 上 利 箭

海战导弹

邰丰顺 著

陕西新华出版传媒集团

未 来 出 版 社

图书在版编目（CIP）数据

海上利箭：海战导弹 / 邰丰顺著. -- 西安：未来出
版社，2017.12

（五星红旗迎风飘扬·大国利器）

ISBN 978-7-5417-6277-2

Ⅰ. ①海… Ⅱ. ①邰… Ⅲ. ①海战 – 导弹 – 青少年
读物 Ⅳ. ①E925-49②E927-49

中国版本图书馆CIP数据核字（2017）第282953号

五星红旗迎风飘扬·大国利器

海上利箭：海战导弹

邰丰顺 著

策划编辑	陆 军 王小莉
责任编辑	王小莉
封面设计	屈 昊
美术编辑	许 歌
出版发行	未来出版社（西安市丰庆路91号）
印 刷	兰州新华印刷厂
开 本	710mm×1000mm 1/16
印 张	15
版 次	2018年2月第1版
印 次	2018年2月第1次印刷
书 号	ISBN 978-7-5417-6277-2
定 价	45 .00元

目录

海上利箭：海战导弹

前　言

如果打开世界地图，我们可以看到，地球上的陆地一块块散布在海洋之上。海洋面积占了整个地球表面积的近71%。公元前1210年，埃及属地希泰蒂斯的国王萨皮拉留玛斯二世率领舰队出海东进，在塞浦路斯岛以北海域打败塞浦里奥特舰队，并将其船只在海上烧毁。这在历史上称之为"塞浦路斯"海战，也是刻在陶板上有据可查的最早一次海战。

自此之后，人类开始了海上作战的时代。不难想象，以当时人类的技术能力和手段，双方在海上进行作战的远程武器很可能是弓箭，乃至特制的木块和石块，以及带有燃烧介质的武器，以此来向对方投掷攻击。

随着时间的推移，在距今1000多年前，人类发明了火药。若干年后，由炮膛内火药瞬间燃烧为动力推动弹丸前行的火炮应运而生。然而，由于这一时期的火炮技术比较原始，导致火炮的射程、发射速度和命中目标的精度等性能都比较差。19世纪，随着弹丸后装技术和炮膛内膛线工艺的普及，火炮的发射速度和精度都有了一定的提高。

当时间进入到20世纪三四十年代，随着科学技术和工业制造能力的快速发展，在弹丸后部安装有发动机的火箭在苏联被研制出来。纳粹德国在"二战"末期，则在火箭的基础上又有了进一步的发展——在火箭弹体安装简单的制导系统，使其相对于无控火箭和普通炮弹具备了初步的精确打击能力。由此，一种新型的精确制导武器——导弹（V-1、V-2），便出现在世人眼前。

第二次世界大战结束之后，一些国家在德国V-1导弹技术的基础上，研制出以攻击水面舰艇为目的的反舰导弹。现在，反舰导弹不仅可以通过舰艇搭载来实现发射，达成攻击目的，更可以通过飞机、潜艇甚至是岸上的发射装置来实现作战目的。并且，反舰导弹的射程也由早期的几十千米延伸至几百千米。同时，反舰导弹的飞行速度也开始向着高超音速的方向发展。

而在第二次世界大战太平洋战场上，由于日本自杀飞机的猛烈攻击，导致美国海军舰艇被撞沉撞伤甚多。因此，美国海军便计划研制以火箭冲压发动机为动力，搭载精确制导系统的舰空导弹来进行舰艇防空。由此，拉开了世界各国的舰空导弹迅猛发展的序幕。从20世纪50年代初到现在，舰空导弹已经发展出涵盖远中近射程，高中低空域多方位覆盖的舰艇防空武器系统。原本以飞机和反舰导弹为主要攻击目标的舰空导弹，已经开始向拦截高速飞行的弹道导弹的方向发展，舰空导弹已经开始具备战略武器的一些特征。

美国在20世纪50年代之后，由于与苏联展开全球霸权的争夺，因此开始研发以攻击苏联核潜艇为目标的反潜导弹。相对应地，世界上其他面临潜艇威胁的国家也开始研发适应自身需要的反潜导弹。时至今日，现代反潜导弹已经具备了较大射程、精确制导、先进战斗部(反潜鱼雷)的特点。

上述三种导弹（反舰导弹、舰空导弹、反潜导弹），构成了20世纪50年代至今大规模海战的主要武器。而随着世界海上安全威胁的变化和科学技术的发展，新型的高超音速反舰导弹、由舰空导弹脱胎而来的拦截弹道导弹的导弹也开始问世。

本书将向读者展现国内外各型导弹的技术起源、发展历程和型号分类。同时，也对目前崭露头角的一些导弹有一定的展望。

第1章 海战导弹的前世今生

在"二战"之前，空中打击水面目标一般是由飞机搭载炸弹、鱼雷或者小型火箭进行的。火箭和炸弹的区别在于，火箭有自身动力推进，而炸弹没有。在火箭上加装制导系统那就是导弹了。海战导弹这种说法其实比较少见，个人认为海上作战中使用到的反舰导弹、舰空导弹和反潜导弹可以统称为海战导弹。

1.1 反舰导弹的技术起源

V1巡航导弹

V2弹道导弹

第二次世界大战中，德国对固体、液体燃料发动机的研究取得了一定的成就，并有效地解决了火箭发动机的工作稳定性问题。在此基础上，德国研制了一些使用火箭发动机的无人飞行器，诸如V1巡航导弹，V2弹道导弹。因为这些飞行器使用了比较原始的制导技术，所以具备了现代导弹的雏形。

不过，由于当时飞机载重量有限，难以装载大型的机载反舰武器，再加上命中率很低，使得飞机已无法应付大型的军用舰只。这就促成了Hs-293的诞生。时间推进到1943年8月27日，德军一架Do 217E-5轰炸机在比斯开湾上空投下一枚Hs-293导弹（当时德国人称其为"空中鱼雷"），

Hs-293导弹

击沉了英国海军1200吨的护卫舰"白鹭"号，这是世界上第一次用空对舰导弹击沉军舰的战斗记录。然而，作为一种尝试，Hs-293导弹的构造十分简单，可以说是装了火箭发动机的炸弹，虽然攻击了盟军的一些水面船只，并取得了成功，但是Hs-293导弹的攻击速度还是太慢，威力也不大，无法击穿一些大型作战舰只厚重的装甲。

实战证明，在水平轰炸中，炸弹的命中率只有1%。如果要增强攻击效果，提高命中率是一个重要手段，于是便出现了"制导炸弹"的概念。很快，装有无线电制导装置的Hs-293A0试验炸弹制造成功。Hs-293A0使用铝制应力蒙皮、点焊式结构。弹体下方加装了沃尔特HWK-109-507B型火箭助推器，火箭燃料为过氧化氢和高锰酸钙或高锰酸钾溶液，使用压缩空气将燃料注入燃烧室，可提供600千克的初始推力，12秒后、燃料耗尽之前的最小推力为400千克。弹翼位于弹体

中部，略带上反角。助推器挂在弹体腹部的挂架上。导弹的基本型战斗部为德国空军使用的500千克SC-500通用航空炸弹，内含650磅（295千克）Trialen 105炸药（70% TNT，15% RDX，15%铝粉），配用撞击引信。此后，实战型的装有1400千克大威力破甲战斗部的弗利茨-X也开发完成。

1943年9月9日，地中海平静的海面上，德国空军少校伯哈德指挥着一支特殊的攻击部队，这支部队装备的Do 217K型轰炸机每架都挂载着另一种新式武器——一种外形比Hs-293更为古怪的炸弹。很快，他们发现了目标。为了避开敌方的防空火力，Do 217径直爬升到6000米的高度上，并很快确认了目标——意大利舰队的旗舰"罗马"号战列舰。几秒后，伯哈德打开了发射开关，他感到机体猛地一震，一枚炸弹朝下冲去。

第一枚直接击穿了"罗马"号战列舰的后部装甲甲板，剧烈的爆炸使得这艘巨舰右侧发动机完全停止工作，航速迅速从16节降了下来。德国飞机接着投下了第二枚，命中了2号炮塔附近。没多久，"罗马"号舰体内部燃起了熊熊大火，大火很快烧到了舰艉弹药舱，致命的爆炸响彻整个地中海的海空。顷刻间，这艘上百米长的巨舰消失在茫茫的大海中。而在这次战斗中击沉"罗马"号的，就是Hs-293导弹的改进型——弗利茨-X导弹。

从外观上可以看出，弗利茨-X犹如一个带着翅膀的炮弹，这种"炮弹"的弹体最大直径为562毫米，采用X型安定面，翼尖的T字结构是防止运输时碰撞损坏的。其尾翼颇为复杂，主要

弗利茨-X击沉"罗马"号战列舰油画

是一个箱型结构的控制舵面，后面配有5个发光筒，以利于飞行员能准确判断弗利茨-X的位置，并对其航向进行调整。

弗利茨-X导弹

弗利茨-X采用的是Lot-fe 7型轰炸瞄准器。攻击时，由载机从六七千米的高度投放，随后

载机再爬升300米左右，由瞄准员对弗利茨-X进行弹道修正。弗利茨-X进行高速俯冲并由火箭发动机加速，以增加命中时的动能。在飞行的最后10秒钟阶段，弗利茨-X进行最后修正后直冲敌舰。

"罗马"号被击沉后，盟军在自己的水面舰艇上普遍加装了ECM电子对抗系统，并且增加了支

援战斗机的巡逻次数和飞行数量。自此之后，弗利茨-X 就再没占到什么便宜，在对博马斯湾停泊的战列舰进行夜间突袭时，不但无一命中，还被击落了数架 Do 217K-4 轰炸机；在 1944 年攻击安齐奥登陆的盟军舰队时，由于遭到了护航战斗机的拦截，攻击完全失败。后来，德国还打算继续发展通用性更强的改进型弗利茨-X 导弹，但无奈大势已去，改进型弗利茨-X 也随着战争的结束而不了了之。

由此可见，从德国的 Hs-293 和弗利茨-X 诞生后，战争中的对舰攻击模式就从早期的舰炮、鱼雷、航空炸弹攻击，进入到了一个全新的阶段——精确制导攻击。尽管其在战争中因为技术等原因没能对战争进程产生太大影响，并和德国其他先进武器一样无法挽救纳粹的命运，只能成为纳粹武器研制的又一抹夕阳之红。但是不得不承认，这不仅是一种新武器的出现，同时也促成了一种新的战争模式的诞生。

"二战"后，美国、苏联分别通过从第三帝国获得的导弹技术和相关人员，结合自身的导弹研究技术发展本国的导弹工业，其中就包括对反舰导弹的研制。反舰导弹家族逐渐"人丁兴旺"，在战后的一些局部战争和冲突中扮演了耀眼的角色，书写着反舰利器的传奇。

1.2 反舰导弹的两大技术流派

目前，世界上共有大约 70 个国家和地区装备有海基和陆基发射的反舰导弹，另有 20 个国家和地区装备有空射和潜射型反舰导弹，并且种类多达 40 余种。在现有舰舰导弹中，装备数量由多至少依次是"鱼叉"、"冥河"、"飞鱼"、"企鹅"、"迦伯列"、"奥托马特"、RBS15 和 SS-N-9 等。

在反舰导弹的设计上，西方国家和苏联—俄罗斯形成了两种迥然不同的风格。之所以会如此，主要是各自不同的军事学说和军事理论使然。

苏联海军认为，大型水面舰艇及编队在日益壮大的战术导弹武器面前将成为活靶子，所以要注重发展反舰导弹，并由此总结出了集中大规模兵力实施"饱和打击"的作战思想，并据此发展了多种不同射程的舰舰、潜舰和空舰导弹，在"二战"后快速地实现了水面舰艇的导弹化。而以美国海军为代表的西方国家，则依据"二战"中的海战历史经验和空中战役理论认为，在现代海

正在吊装的"冥河"反舰导弹

战中，充分发挥航母舰载机攻击以及与其他海上作战平台协同所形成的海空优势和攻防兼备的联合打击能力，是海上制胜的关键，因此以发展通用型以及空射型反舰导弹为主。相比较而言，西方国家的反舰导弹在通用性方面具有优势。导弹通用化不仅降低了生产研制成本，提高了效费比，而且发射方式多样化，尤其便于利用模块化

多艘水面舰艇集中发射
反舰导弹

　　第1章　海战导弹的前世今生

的垂直发射系统发射。

美国的"鱼叉"是西方反舰导弹的典型代表。该导弹通常以RBL（Range and Bearing Launch）模式发射，目标方位与距离信息在发射前即输入导弹的计算机，在导弹接近目标

"鱼叉"反舰导弹

时导引头才开始工作，以避免敌舰的电子战系统提前探测到导弹的扫描电波而采取反制措施。"鱼叉"反舰导弹的另一种发射模式为BOL（Bearing Only Launch），在只掌握目标方位但无准确距离数据（如对付远距离目标）时就采用此种模式。不过，"鱼叉"反舰导弹虽然配有GPS复合制导，具有较高的攻击精度，但由于是亚音速导弹，所以飞行速度低、易被拦截的缺点也比较明显。

苏联从20世纪50年代起就开始大量装备反舰导弹，是世界上较早重视发展反舰导弹的国家。苏联发展反舰导弹的主要目的就是为了对付美国的航母战斗群。因此，苏制反舰导弹的特点是射程远、威力大。而为了更有效地打击美国的航母战斗群，苏联海军总司令戈尔什科夫元帅在20世纪60年代提出了"饱和攻击"的作战理念，即利用配备导弹的水面舰艇、潜艇和飞机等多种作战平台，在极短的时间内，从空中、水面、水下等不同方向、不同层次，采取大密度、连续袭击的突防方式，以数量优势形成绝对的火力密度，向目标

群发射超出其抗攻击能力的导弹，使目标群的海上防空反导系统处于无从应付的饱和状态，进而达到提高导弹突防概率和摧毁目标的目的。1975年，苏联海军在一次实弹演习中，曾在90秒内从水面舰艇、飞机和潜艇等武器平台上向一个模拟的水面舰艇编队连续发射了100多枚反舰导弹，显示了强大的攻击能力。由此可见，只要组织发起"饱和攻击"，那么即便是规模庞大、功能齐全的航母编队，其防御系统也难保不会出现漏洞。而一旦出现漏洞，以苏制反舰导弹"饱和攻击"的火力密度和破坏威力，后果就将是灾难性的。

但是，使用"饱和攻击"战术也是有前提的。一要有足够的火力投放平台，要能同时从不同层次和方向形成多方位的战术打击态势；二要有充足的备弹基数，这才能形成一定的火力密度和多波次的打击力度。更重要的是，反舰导弹的射程有限，而航母舰载机的作战半径要比反舰导弹远得多，更何况100多枚反舰导弹齐射，肯定是集结性部署，而航母战斗群可以通过它的雷达电子优势，提前捕捉到对方的攻击方位，从而迅速出动舰载航空兵或潜艇对其进行先发制人的打击。例如美海军最新的F/A-18E/F战斗攻击机安装的AN/APG-79相控阵雷达，可以捕捉到200千米以外空中目标，再配合其机载的新一代AIM-120D中距空空导弹，极大地增强了航母战斗群远距离对抗反舰导弹的能力。因此，若想攻击航母

F/A-18E/F舰载战斗机及机翼下搭载的AIM-120D空空导弹

　第1章 海战导弹的前世今生

战斗群，就需要每个攻击平台都具备多通道武器系统以及平台之间的战术协同能力，通过灵活的战术来突破航母战斗群的防御优势。

基于摧毁美军航母的作战需求，当前俄制反舰导弹十分关注射程和威力的提高，不过也因此带来了体积过大和重量过重的缺点，直接影响到导弹的发射方式和舰艇的装载数量。例如俄制SS-N-22反舰导弹重3950千克，弹长9.38米，弹径0.76米，加上发射箱重量，整体重量达到4500千克，以致像"现代"级、"无畏II"级这两种排水量达8000吨左右的大型水面舰艇也只能携带8枚。SS-N-19更是重达7000千克，弹长超过10米，弹径1米左右，再考虑到发射箱的长度、体积和重量，使其只能由排水量达万吨以上的大型巡洋舰、航母和巡航导弹核潜艇携带。另外，俄制反舰导弹大都具有超音速飞行能力，能进行复杂的战术机动，具备很强的突防能力。不过，超音速飞行虽然可以减小中段误差，提高远距离目标捕获概率，缩短目标的反应时间，但同时也存在着生产成本增加、红外信号特征明显、抗电子干扰性能较差、转弯半径增大、再次攻击能力差等缺点，在一定程度上也降低了攻击精度。更为重要的是，随着苏联的解体和俄罗斯国力的衰弱，恐怕很难再现上百枚反舰导弹奔向目标的场景了。

1.3 反舰导弹发展的技术脉络和在海战中取得的战果

第二次世界大战以后，世界主要工业国家先后都开展了导弹的研制和生产，反舰导弹也应运而生，得到了长足的发展。半个多世纪以来，随着科学技术的发展和战场环境的变化，特别是随着当代海战样式的变化，反舰导弹也向更高的水平发展。迄今为止，反舰导弹已经发展到了第四代。

20世纪40年代末，苏联在德国V-1巡航导弹的实物和技术基础上，着

手进行反舰导弹的仿
制。最先仿制成功的反
舰导弹就是 SS-N-1
"扫帚"导弹，这也是
世界上第一代飞航式反
舰导弹。该导弹于
1958 年首先服役，其主

V-1巡航导弹

要战术技术性能为：弹长 7.6 米，弹径 1.0 米，翼展 4.6
米，发射重量 3200 千克，巡航速度 0.9 马赫，射程 22～
185 千米，采用无线电指令加主动雷达或红外制导。"扫
帚"导弹外形像小飞机，圆柱形弹体，卵形弹头，两片
中单弹翼，4 片尾翼，装有 1 台涡轮喷气发动机和 1 台固
体火箭助推器，携带常规战斗部或核弹头，主要用于攻
击航母和其他大型水面舰艇，也可用来攻击港口和海岸
目标。

　　此外，美国的"潜鸟"、瑞典的"罗伯特 315"也
都属于第一代反舰导弹，并于 20 世纪 50 年代末期装备
部队。这代导弹大都使用脉冲喷气或涡轮喷气发动机推
进，波束或无线电指令制导。尽管这一代导弹比传统的
火炮、鱼雷、航弹等武器射程远、精度高、威力大，但
其体积庞大，系统
设备笨重，飞行速
度慢，导弹射出后
发射舰不能撤出，
导弹的战术技术性

SS-N-1"扫帚"反舰导弹

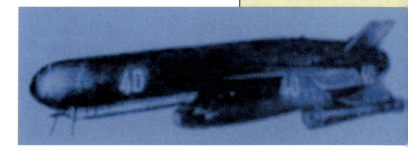

能比较落后，很快就被淘汰了。

　　从20世纪50年代末至70年代初，各国开始了第二代反舰导弹的研制和生产。这代导弹的特点是用火箭发动机推进，自主式制导方式，掠海式飞行和采用半穿甲爆破型战斗部。此外，这代导弹比第一代反舰导弹体积小、重量轻，有一定的作战通用性，均可装在小型快艇上，从而使拥有中、小型舰艇的国家能迅速装备这类导弹。第二代反舰导弹的主要缺点是速度低、射程近，只能从岸上或舰上发射，导弹使用受到一定的局限。

　　比较典型的第二代反舰导弹有苏联的SS-N-2A"冥河"。该导弹主要战术技术性能为：弹长6.5米，弹径0.76米，翼展2.4米，发射重量2500千克，最大速度0.9马赫，射程9.2～42千米。"冥河"导弹主要装备于小型导弹快艇，用于近岸防御，1959年服役并出口原华沙条约国和中东及越南、印度和中国等国家，世界上第一个舰对舰导弹的战果就属于SS-N-2A"冥河"反舰导弹。

　　1967年10月21日17时许，正在埃及塞得港外游弋的以色列海军"埃拉特"号驱逐舰发现港内连续升起3个浅绿色光点，向着本舰的航迹直冲过来。舰长在此之前就得到消息，埃及海军装备了新式反舰制导武器，但面对过去从未接触过的新杀手，这艘

正在发射的SS-N-2A"冥河"反舰导弹

1944年服役的老式驱逐舰显得非常慌乱。舰上的40毫米高炮徒劳地指向目标方向，但未来得及开火，舰体便在巨大的爆炸声中逐渐下沉。三个小时后第四个光点扑来时，"埃拉特"号已经完全沉没，导弹在海面上爆炸，500千克重的弹头炸死了不少在舰体下沉中幸存的舰员。两艘在塞得港内的"蚊子"级导弹艇，花了近3个小时向"埃拉特"号发射了4枚SS-N-2A"冥河"反舰导弹，全部击中目标。作为驱逐舰的"埃拉特"号曾在沉没前击沉过多艘埃及鱼雷艇，其中包括一艘183型，却不料最终死在了改头换面的183R型导弹艇手中。

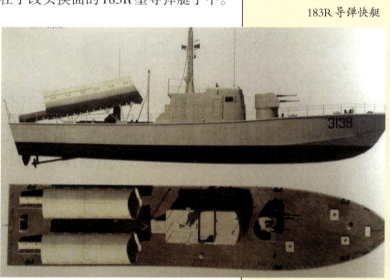

183R 导弹快艇

决心一雪前耻的以色列人很快开始接收"萨尔"级导弹艇并加紧研制配套的"伽伯列"反舰导弹，1965年，该型反舰导弹定型。1969年4月，萨尔-2型"海法"号导弹艇以4枚"伽伯列"反舰导弹击沉了"埃拉特"号的姊妹舰"雅法"号，宣告了西方世界第一种具有实战能力的导弹艇的出现。

以犹太教中大天使"伽伯列"命名的导弹仍属于第二代反舰导弹，但却比苏联SS-N-2A"冥河"反舰导弹先进，而"萨尔"一词在希伯来语中是"暴风雨"之意。

　第1章 海战导弹的前世今生

1973年10月6日，著名的拉塔基亚海战爆发。在这场发生在叙利亚与以色列之间的海战中，作为第一代导弹艇的"蚊子"级遭到了全面失败。尽管SS-N-2A"冥河"的射程比"伽伯列"大了近一倍，但其发射特征过于明显，弹道死板，更严重的是抗干扰能力很弱。而已经属于第二代导弹艇的"萨尔"级，在利用机动规避和电子干扰化解了对方的攻击后，高速接近敌舰并用火炮和导弹击沉了叙利亚海军作为前卫和诱饵的"123K"鱼雷艇与扫雷舰，又用导弹齐射击沉了对方全部3艘出港攻击的导弹艇（包括一艘205型和两艘183R型），以5：0的战果取得了世界上第一次导弹对攻战的完胜。

以色列"伽伯列"反舰导弹

10月8日夜，以军导弹艇编队又在杜姆亚特海域伏击了转移中的埃及海军205型导弹艇编队，击沉3艘，击伤1艘。在之后的战斗中，183R型又被击沉多艘而自身毫无战果。对这种最早的导弹艇而言，被更先进后辈击败或许并不是什么耻辱，但它在战场上的荣耀只属于1967年10月21日那短短几个小时却不免令人扼腕。

20世纪70年代初，世界各国便开始发展第三代反舰导弹。这一代导弹的显著特点是一弹多用、小型化、制导方式多样化，增强了导弹的突防能力和战斗部的威力，增大了导弹的射程并使导弹具有一定的电子对抗能力。到80年代初期，第三代反舰导弹已发展到几十种类型，法国的"飞鱼"和美国的"捕鲸叉"是这代导弹的典型代表。

在1982年的英阿马岛海战中，技术和数量上都处于弱势的阿根廷海军航空兵就曾利用飞机的机动性优势和导弹的精确打击能力，用法制"超级军旗"式攻击机和AM39"飞鱼"反舰导弹先后击沉了英国当时最先进的"谢菲尔德"号导弹驱逐舰和万吨级的"大西洋运送者"号运输舰。这场距今最近的高强度海战表明，即使是实力相对弱小的海军，只要能充分利用反舰导弹的优势和敌方舰艇的弱点，采取恰当的战术，照样可以给拥有一定海上优势的舰艇及编队造成沉重打击。而对舰艇编队来说，利用航母舰载机、舰载防空导弹和舰载近程武器系统建立多层次防空系统，则是舰队防空必不可少

在南大西洋上，有大大小小两百多个岛屿，阿根廷称之为马尔维纳斯群岛（简称马岛）。马岛距阿根廷大陆500~800千米，距英国约13000千米。英国在1832年和1833年曾先后出兵占领西岛和东岛，开始了在马岛长达150年之久的统治。但阿方从未放弃对马岛的主权要求，然而一直没有达成共识。

直到20世纪70年代初，马岛南部海域发现了丰富的石油、天然气和其他矿藏，这个争执突然达到了白热化的程度。1982年2月26日，阿根廷以谈判为幌子，阿军方却在悄悄准备代号为"罗萨里奥"的行动计划，决心用武力收回马岛主权。4月2日清晨，阿根廷2500名官兵突然在马岛登陆，引发了震惊世界的英阿马岛之战。

英国迅速派出特混舰队远征。5月2日，英军核潜艇"征服者"号用三枚老式的MK8鱼雷击沉了阿军巨舰"贝尔格拉诺将军"号巡洋舰。阿根廷在遭此重创之后，海军基本退出了海战，但其最强的一个军种——空军（包括海军航空兵），却积蓄着力量，一定要报这一箭之仇。短短的两天之后，也就是5月4日，阿根廷的海军航空兵出动两架法制"超级军旗"攻击机，携带着两枚"飞鱼"反舰导弹，干净利落地实施了出人意料的复仇计划，一举击沉了当时英国皇家海军特混舰队中设施最先进的"谢菲尔德"号导弹驱逐舰，成为马岛战争开始之后第二个震惊世界的经典战例。

"飞鱼"反舰导弹

的重要手段。

进入20世纪90年代后，随着导弹技术的进步和作战武器的发展，反舰导弹现已成为海战的主要兵器之一，第四代反舰导弹也应运而生。这代导弹的显著特点是采用冲压发动机（含整体式火箭冲压发动机）推进和超低空飞行弹道。这种发动机最适于2～4倍音速的条件下工作。

鉴于21世纪初的几次局部战争和突发事件的经验教训。目前，各国正纷纷加紧研制、制造适合未来海战的新一代反舰导弹。从技术角度讲，新的反舰导弹的主要发展趋势是进一步加大反舰导弹的射程，加强对远距离目标（运动中的目标）的探测能力和飞行中导弹的制导能力，提升反舰导弹的飞行速度和战斗部威力，以此增强反舰导弹的突防能力和对水面舰艇的毁伤效果。同时，反舰导弹也已经形成了海、陆、空、潜一体化发展的局面。

1.4 反舰导弹多样化的发射方式

反舰导弹要发挥出自身的作战能力，更好地达到作战目的，除了技术水平外，还与其发射方式的选择有很大的关系。如今，海战模式已发生了很大的改变，已经不再是单一的舰对舰攻击。特别是在现代战争中，海战更是囊括了海、陆、空、天、电磁这五维空间。如何在这样复杂的作战环境中有效发挥反舰导弹的作用，是一个不容忽视的问题。

发射方式的核心问题是解决发射瞄准问题。导弹发射的根本目的是命中并毁伤目标，而命中目标的前提条件是使导弹准确地捕捉到目标，这也是发射瞄准要解决的基本问题。导弹发射方式的本质是使导弹迅速准确地捕捉预定目标，其具体任务是为导弹确定一条适当的飞行路线，使导弹在末制导雷达开机时处于捕捉目标的最有利位置，即能在尽可能短的时间内，以尽可能高的概率，准确捕捉到预定目标。

反舰导弹头部的雷达导引头

这就要求反舰导弹发射时须满足两个要求：一、给导弹选择一个正确的自控飞行方向，使末制导雷达开机时，目标正好运动到导弹自身搭载的末制导雷达扫描区域；二、给导弹设定一个正确的自控飞行时间，使末制导雷达开机时，导弹到目标的距离刚好等于预先设定的自导头的开机距离。

反舰导弹视距内发射时，对目标的搜索与探测主要依靠发射平台装载的主动雷达来实现。视距内攻击的优点是发射平台可以为导弹提供目标数据，不需要进行复杂的航路规划和外部引导，目标数据精确，发射精度高；缺点是只单纯依靠发射平台提供目标数据，导弹火力作用及控制的空间非常有限，只能依靠发射平台的机动得以发挥作用。

传统的视距内导弹攻击，攻击舰艇必须经过待机、接敌、展开、搜索、发射等阶段的机动，才能实现导弹射击。作战反应时间长，攻击隐蔽性差，所以反舰导弹攻击作战样式的实质是发射平台的机动作战。而且，随着电子侦察、导弹对

由于地球曲率的影响，舰艇自身装载的搜索雷达搜索无法超过40~50千米，为反舰导弹提供精确的目标数据，因此反舰导弹发射方式又分为两大类：视距内发射和超视距发射。

抗和导弹防御技术的高速发展，电磁辐射设备在海战中的使用受到越来越多的限制，使用主动雷达搜索探测目标的视距内导弹攻击，不仅易暴露攻击企图，导致敌导弹进行有效的抗击，而且可能导致敌方首先使用武器，造成危及己方舰艇安全的严重后果。

"先敌发现"和"先敌发射"即意味着先敌命中，水面舰艇只要被一枚导弹命中即可能受到重创，因此，在现代海战中，为赢得主动权，减少己方兵力损失，提高反舰导弹发射平台的生存能力，降低敌方反舰导弹的抗击效果，力争在发现目标后的最短时间内和最远距离上发射导弹，就成了实施反舰导弹攻击应遵循的基本原则之一。

显然，传统的视距内攻击已经无法满足这种要求，超视距攻击正好可以适应这种发展。导弹攻击的关键问题是发射瞄准。发射时，瞄准的可能是一个目标位置点，也可能是一条线段（方位线段或距离线段），还可能是一个区域（目标活动区、散布区或操作区）。与此相对应，导弹开机形成的搜索区可能是一个矩形区或圆形区（如"捕鲸叉"导弹的搜索区就是一个圆形区域），也可能是一个狭长的搜索带，还可能是一个大面积的区域。根据发射瞄准点和形成相应搜索区域的不同特点以及有无中继制导，导弹发射通常有以下几类。

定点发射 定点发射就是对"点域"瞄准攻击，包括无前置量（现在点）攻击和有前置量（前置点）攻击两种。特点是瞄准点明确，搜索区域较小，是在获得准确目标信息条件下的攻击方式，精度较高，导弹搜捕隐蔽性较好。

无前置量攻击一般在保持攻击隐蔽性和只能获得目标现在位置时采用，即在计算发射诸元时不计算导弹自控飞行时间内目标的运动，瞄准目标的现在位置发射。使用无前置量发射方式时，不需要测定目标运动要素，只需知道目标初始位置即可对目标进行攻击，这样可以节省测定目标要素所需的时间，提高快速反应能力，是现代海战中的主要发射方式。法国的"飞鱼"系列反舰导弹、美国的"捕鲸叉"系列反舰导弹均采用无前置量攻击方式。该方式的缺点为：目标的机动将影响导弹发射精度，选择性和捕捉性都将降低，随着射程和目标速度的增加，导弹捕捉概率严重下降，难以保证对远距离目标的可靠捕捉。

有前置量攻击一般指计算发射诸元时计算自控飞行时间内目标的运动，瞄准目标的提前位置即前置点进行攻击。该种攻击方式的主要优点是：如果目标保持近似匀速直线运动，则导弹的发射精度、捕捉概率、选择概率都较高，而且末制导雷达搜索扇面可以比较小，能够有效提高导弹搜捕的隐蔽性。该方式的缺点为：测定目标运动要素易丧失攻击的隐蔽性，严重影响反舰导弹的快速反应能力，在现代海战场环境中可能会丧失战机，甚至遭敌先制反击，发射平台的安全难以保证。此外，在超视距攻击时，导弹自控飞行时间较长，目标的（变向、变速）情况复杂，难以预测，导致前置点的散布区较大，影响导弹的捕捉概率。

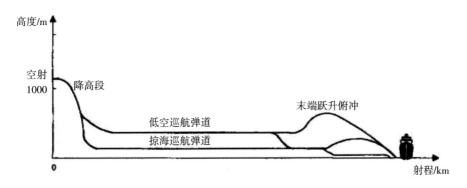

空射型反舰导弹的飞行轨迹

概略发射　概略发射实质就是对"线域"瞄准射击，包括纯方位攻击和概略距离攻击两种。纯方位攻击方式的特点是瞄准点是一条线段，目标在导弹沿方位线或概略距离线的搜索区域内，目标信息通常采用被动探测获得，发射隐蔽性较好，但雷达暴露时间长，搜捕隐蔽性较差。概略距离发射指在无法测定目标距离时，利用机动定位、交叉定位或根据战场情况估算目标的最大和最小距离，向目标初始方位和概略距离发射导弹，利用导弹搜捕扇面的远界来捕捉目标的发射方式。这种方式的特点是只需测得目标方位数据和概略距离数据，可在缺少相关信息的情况下对敌实施导弹攻击，也可对定点发射的有效发射距离以外、导弹动力航程以内的目标实施攻击，可增加导弹的有效发射距离，以导弹的机动搜索取代平台的接敌机动，提高了战术灵活性。

盲目发射　盲目发射指在只能获得粗略目标信息、甚至无法获得目标信息的情况下，根据战场态势、地理环境和情报分析判断目标的活动区或散布区，实施没有"具体目标"的"盲目攻击"，依靠远程导弹的火力机动和远距离大扇面搜索，实现对目标活动区或散布区的覆盖。盲目发射能充分发挥现代导弹武器自身的强大搜索能力、目标识别能力和火力分配能力，由反舰导弹自主完成对目标的搜索、识别、火力分配和攻击，实现导弹的自主作战。如俄罗斯的SS-N-19"花岗岩"反舰导弹，可在目标信息恶劣的情况下齐射多枚，利用高空飞行的领弹提供攻击目标的信息。盲目攻击包括单弹机动搜索区域攻击和多弹联合搜索区域覆盖攻击。该方式的特点是以导弹的航路规划和机动搜索取代平台的机动搜索，适应对发射距离远、散布区域较大的目标实施攻击。

中继制导发射　中继制导发射是指在导弹发射后到命中目标前的时间段内，利用发射平台或其他平台的中继制导设备，把因战场环境、目标信息等变化而需要修正的初始发射参数的控制信息、指令等发送给导弹控制系统，使导弹不断修正弹道，准确地飞向目标，提高捕捉精度和命中概率。

中继制导发射主要有两种形式：一是"含人回路"方式，中继平台直接控制导弹，导弹按中继指令修正弹道，更改攻击目标，中继制导期间导弹的制导控制权由中继平台掌握；二是中继平台只向导弹提供目标修正信息，导弹根据目标信息自主决策，确定弹道修正和攻击方案，然后自主搜索攻击目标。中继

中国海军直-9舰载直升机

制导攻击是把导弹的单一自主控制变为自主控制与外界人工控制相结合的复合制导，通过人工实时修正，可大大延长导弹有效发射距离并提高导弹命中精度，满足防区外远程精确打击的需求。在瞬息万变的高技术战场条件下，可以通过概略信息先敌发射导弹，然后由中继制导系统修正，如此就可以缩短攻击反应时间，加快攻击速度。中继制导攻击是中远程反舰导弹发射使用的主要方式之一，符合陆、海、空、天、电一体化的体系作战发展趋势。

目前，中继制导发射的发展明显

中国KJ200预警机

　第1章　海战导弹的前世今生

要快于其他超视距攻击模式，其制导平台有卫星、前出的舰艇、直升机、无人机、预警机等。其中，预警机和无人机中继制导是目前正在发展的技术，美国的E8预警机和我国的KJ200预警机都进行过相应的中继制导试验，表明预警机中继制导在技术上是完全可行的。而无人机则是更具发展潜力的中继制导平台，其制导距离远，制导保障时间长，适用性强，成本低，而且体积小巧，更加便于携带。

1.5 舰载防空导弹的分类及其展望

广阔的海洋既是经济的动脉和纽带，又是人类可持续发展的重要空间。为了维护海洋权益，建立完善的舰艇防空体系，是世界各海洋强国多年来践行和追求的目标。舰载防空导弹作为舰艇防空体系中的重要环节，其发展方向和相关技术的研究，一直是世界各军事大国研究的重中之重。

目前，由空中、水面、水下及其他平台发射的反舰导弹，无论是精度、打击强度还是射程，都远远超过舰炮对水面舰艇的威胁。作战飞机携带各种导弹，可充分凭借自身航程远、射程大、速度快的攻击优势，利用舰载雷达探测盲区，隐蔽接敌，与水面舰艇协同，在对方水面舰艇或编队尚未发现自己时，实施空海一体的超视距攻击。

通常来说，舰艇及编队的防空体系主要由先进的舰载雷达系统、舰载防空导弹发射系统（又称舰空导弹系统）及各种中小口径的舰载火炮系统组成。对于舰空导弹来说，最关键的就是看舰载雷达系统的探测、制导和舰载计算机中心的电子信息对来袭目标的感知能力。由相控阵雷达和计算机为核心的防空系统，是目前世界上最为有效的舰载防空系统。当然，舰队防空仅仅有先进的雷达系统还远远不够，性能优异的舰空导弹也不可或缺。

一般来说，现代海上防空作战主要分为编队防空和单舰防空两个方面。编队防空主要是通过装备有远程探测雷达和远射程的舰空导弹的大型水面舰艇负责，此类舰艇除了保护自身安全之外，更要担负起保护编队内其他舰艇空中安全的责任。因此，这类舰艇搭载的远射程舰空导弹一般射程都较远，在40~120千米之间。目前，最新一代的舰空导弹开始往150~200千米的射程发展。

而单舰防空又可以称为点防空，主要是为了保护舰艇自身安全而进行的防空反导作战，担负此类作战任务的舰空导弹一般射程在8~25千米之间。所要面对的目标，通常是来袭的反舰导弹等。因此要求点防空的舰空导弹反应速度快，机动性好，拦截成功率高。目前比较先进的点防空舰空导弹射程已经接近40~50千米。从30多年前的英阿马岛战争的实战效果来看，不同射程的舰空导弹必须按照其设计之初的用途和性能，相互配合，多层覆盖，才能达到舰艇或编队防空效益的最大化。

因此，目前世界海军强国海上防空火力的配置都是由远到近，分层防御。舰艇编队中除了专门的大型防空舰艇（一般为巡洋舰和大型驱逐舰）携带中远程防空导弹之外，其他舰艇（驱逐舰、护卫舰）自身的中近程防空反导系统也是必不可少的装备之一。

美国是世界上最早建立海上防空体系的国家之一。从20世纪50年代至60年代后期形成的第一代"3T"舰艇防空导弹系统，即"黄铜骑士"、"小猎犬"、"鞑靼人"，到80年代美国海军装备的远程"标准"-2增程型，中程"标准"-2、"标准"-1，近程"海麻雀"，末端"拉姆"4个层次的防空导弹系统，如今在美海军协同作战能力的支持和带动下，"标准"-3、"标准"-6、"北约海麻雀"、"拉姆"改进型等新的舰空导弹形成了新的海上防空体系。

苏联的"海浪"、"风暴"、"奥萨"构成的舰艇防空导弹系统，也是20

美国"黄铜骑士"舰载防空导弹

正在发射的美国"海麻雀"
舰载防空导弹

世纪60年代建立的。80年代，逐步更新换装为"利夫"、"施基利"等舰载防空导弹系统。与美国海军专门研制的防空导弹不同的是，后来俄罗斯的舰载防空导弹一般都是从陆地上发展而来，随着新一代地空导弹的发展，其舰载防空导弹系统也将不断地完善和发展。

以上罗列的美国和苏联/俄罗斯的舰载防空导弹，既有能负责编队防空（也称区域防空）作战的（"标准"-1、"标准"-2和"利夫"等）防空导弹系统，也有负责单舰防空（也称点防空）作战的（"海麻雀"、"拉姆"等）防空导弹系统。

确切地说，现代海上防空作战体系就是海上各种平台集成的联合作战体系，其核心是各种武器平台之间协同作战的能力。在"冷战"结束后，随着海上防空力的提高以及海军舰艇编队的战略机动优势，一些国家的海军还将战区弹道导弹防御作战列为海上防空的新任务。

根据未来不确定性和多种复杂威胁态势、作战思想以及不同的使命，世界现役舰载防空导弹的发展主要有以下几个特点。

首先，区域舰空导弹向远程、高速方向发展，力求达到歼敌于反舰导弹发射之前，并且具备拦截弹道导弹的能力。其次，舰载点防空导弹向低空、高速、采用被动雷达和红外复合制导的方向发展，飞行中段实施惯性制导加指令修正，末段用主动雷达、被动雷达或红外寻的，具备

美国"宙斯盾"系统 SPY-1 相控阵雷达

对抗多目标、拦截反舰导弹和巡航导弹的能力。最后，无论是以区域防空为目的的远程舰空导弹还是以单舰防空为目的的点防空舰空导弹，都将采用垂直发射方式，以此来提高发射速度和反应能力，从而提高对抗多目标和饱和攻击的能力。

1.6 英阿马岛海战——舰空导弹运用得失

20世纪80年代，世界上发生了迄今为止使用反舰导弹击沉击伤水面战舰的系列重大事件——英阿马岛海战。在此次海战中，阿空军作战飞机共击沉了英军舰船6艘、击

伤18艘。其中阿根廷空军利用"飞鱼"反舰导弹击沉了正在执行雷达警戒任务的42型"谢菲尔德"号驱逐舰和"大西洋运送者"号运输船。虽然英军最终取得了马岛海战的胜利，但是在阿空军攻击下损失惨重。

总结这次战争中英海军的几次重大损失可以发现，这都是由阿根廷空军凭借高性能战斗机或攻击机在低空、视距内实施空对舰导弹攻击，且大都获得成功。由此可以看出，从那个时候开始，舰队防空面临的最大威胁，不再是高空轰炸机临空轰炸了，而是由各种低空飞行的战机发射的掠海飞行反舰导弹。

英国远征舰队虽然装备有可以搭载"海鹞"战斗机的两艘轻型航母，但由于"海鹞"存在飞行速度低和作战半径小的缺陷，性能上并不适合作为舰队防空拦截机使用。而且舰载航空兵还缺乏能够直接配合和引导战斗机作战的舰载预警机，因此航母的空中掩护范围有限，且难

被"飞鱼"反舰导弹击中的42型"谢菲尔德"号

以进行远距离的主动空中拦截。这就迫使英国舰队将防空驱逐舰前出，为编队进行雷达警戒。编队内的5艘42型驱逐舰构成了舰队区域防空的核心力量，同时也是组成外围雷达哨舰和防空前沿的基本战斗力。这种利用驱逐舰进行雷达预警的方法在第二次世界大战太平洋战争中的冲绳战役中就被美国海军使用过。同样，英国皇家海军的雷达哨舰在此战中也遭受了和美军在冲绳一样的沉重打击。

英国皇家海军舰队的舰载战斗机因为数量不足，不具备为整个舰队提供空中掩护的能力。同时，缺乏早期预警能力又使数量有限的战斗机在舰队防空中难以充分得到利用，所以最终对抗阿根廷航空兵的主力仍然是各舰装备的防空导弹。其中"海标枪"和"海狼"在战争中的表现极为突出。"海标枪"和"海狼"是英国皇家海军当时最新也最有战斗力的防空导弹，成为缺乏电子对抗能力的阿根廷空军难以应付的"大杀器"。

"海标枪"是采用双联旋臂式发射架的重型

英国"鹞"式垂直起降战斗机

导弹，导弹系统由一组发射架和自动装填的下层弹库组成，弹库中的待发弹可以自动完成库内测试和预热后快速装填，舰上的瞄准和制导雷达可以引导2枚导弹同时打击2个目标。现有的大部分资料都确认"海标枪"导弹可以在库内完成检测和预热，完成基本准备后可以在装填后10秒内进行发射。而采用倾斜发射方式的防空导弹，需要确认状态完好后才能装填到挂梁上，这样才能避免因为故障而产生的麻烦和问题。

"海标枪"舰载防空导弹

"海标枪"在马岛战争中遇到的目标条件完全不同于设计时的预想，因为阿军航空兵在战争中主要采用超低空突防的方式，导致"海标枪"在实战中对抗的都是近距离的低空高速目标。这就等于在拿区域防空导弹来执行近程防空导弹的近距离拦截任务。"海标枪"在战争中有击落8架阿军飞机的记录，这个数字相对其他舰载防空导弹来说并不算少。考虑到"海标枪"在性能指标上存在的一些战场环境不适应的因素，可以认为其在作战中攻击低空快速目标时已经获得了很高的命中率，表现出具有拦截低空高速目标的作战能力。在之后的海湾战争中，"海标枪"又在实战状态下成功拦截了反舰导弹，证明了这种装备时间较早的防空导弹在高技术条件下依然有效。

42型驱逐舰是使用"海标枪"导弹执行舰队区域防空任务的专用防空舰，有限的排水量使其没有空间再装备反舰导弹，但"海标枪"的较大射程和战斗力不但可以用来攻击空中目标，同时还能够在紧急情况下打击雷达引导范围内的水面目标。因此，"海标枪"也可以使42型驱逐舰具备有限的对海攻击能力。在这场战争中，英国皇家海军虽然失去了2艘装备"海标枪"的防空驱逐舰，但英国人仍然比较满意"海标枪"在实战中的表现。"海标枪"良好的对空作战能力被皇家海军作为舰队区域防空的基础，皇家海军"无敌"级轻型航母上也安装有"海标枪"导弹系统，航母上装备的"海标枪"还拥有比驱逐舰更大的弹库，这也使"无敌"舰成为西方国家唯一装备区域防空导弹的航母。

正在发射的"海狼"舰空导弹

"海狼"舰空导弹是英国于1968年开始发展的高性能舰载点防空导弹系统。最初设计时只是要求其反应速度快和自动化程度高，后来随着反舰导弹在实战中表现出巨大的威力，英国皇家海军又要求"海狼"具备有效拦截低空掠海飞行导弹目标的能力，使其逐渐成为一种性能相当先进的高精度防空导弹，同时也是世界上第一种在设计上就以拦截反舰导弹为目标的防空导弹。

无线电指令指导的"海狼"导弹对掠海目标具有很高的命中精度，测试中曾经成功地拦截了114毫米炮弹。"海狼"舰空导弹具备反应速度快、命中率高和自动化程度高的优点。其火控系统的跟踪雷达可以在10千米距离上跟踪0.2平方米的小型目标；在5千米距离上稳定跟踪小于0.2平方米的目标。其有效射程虽然只有5千米，但也足以有效拦截当时绝大多数掠海反舰导弹。

阿根廷航空兵在空袭中普遍采用了3～4机编队同时攻击一个目标的战术。在1982年5月12日，阿军攻击机首次遭遇了"海狼"的拦截。"海狼"对低空目标的反应速度只有5秒（是"海标枪"的四分之一），其无线电引信的抗干扰能力可以在有效射程内消除海面背景的干扰，因此阿军航空兵遭遇了"海狼"的沉重打击，以致后来阿根廷空军尽力避免与装备"海狼"的22型护卫舰正面对抗。

然而，英国皇家海军仅有的2艘配备"海狼"导弹的舰艇虽然取得了很好的战果，但"海狼"导弹系统缺乏多目标攻击能力的问题仍然在战斗中暴露了出来，幸运的是击中"大刀"号护卫舰的阿军炸弹却是哑弹兼跳弹。登陆战开始后，英国皇家海军用22型护卫舰重点掩护航母，利用"海狼"加强航母的防御能力以抵抗"飞鱼"导弹的威胁。

"海狼"是参加马岛海战的英国舰艇装备的唯一具备反导能力的防空导弹。虽然"海狼"在试验中展示出对低空高速小目标较高的命中精度，

A-4"天鹰"攻击机发射"飞鱼"反舰导弹的油画

但是在马岛战争中却并没有和"飞鱼"正面对抗过。马岛战争期间，"海狼"的实战表现和系统可靠性都非常出色，尽管其数量无法成为防空作战的主力，但其发射架数量和击落目标数量的比例却是英军参战的所有防空导弹中最高的。

"海标枪"和"海狼"导弹是英国皇家海军在"冷战"期间发展的最先进的舰载导弹，它们帮助英国皇家海军挡住了阿根廷航空兵的攻击，为皇家海军构筑了基本满足战争需要的舰队防空体系。随着英国皇家海军以45型驱逐舰为代表的新一代水面舰艇的服役，42型驱逐舰和22、23型护卫舰将会逐渐被取代，"海标枪"和"海狼"也将随之被技术水平更先进的"紫菀"15/30所替代。

马岛战争期间，英国皇家海军普遍采用驱逐舰和护卫舰配合作战的方式，通过前者的区域防空导弹和后者的点防空导弹来弥补各自防空能力的欠缺。应该说，英国皇家海军在防空作战中，总体上达到了目标，只是多舰配合作战的配置方法暴露出了致命的弱点。空中威胁具备方向不确定性和攻击规模不同的特点，多舰配合组成的防空体系普遍存在指挥协同困难的问题，英军在马岛战争的编队防空战中就频繁出现低空目标被友舰遮挡的情况，由此也多次造成多舰协同在实战中无法达到有效防御的结果。"冷战"后期的西方驱逐舰在设计上极力改变这个问题，垂直发射的"标准-2"、"海麻雀"、SA-N-12和"紫菀"15/30都重点加强了单舰的防空纵深，依靠导弹性能的进步避免单舰在防空作战能力上存在的缺陷。

现代航空兵在作战性能和突防能力上相对舰艇有着先天的优势，现有舰艇对空探测手段又不可能避免低空盲区的影响，即使是美国海军用空基雷达引导舰载防空导弹的方法也不能完全解决问题。舰空导弹末段制导装置的作用距离和扫描范围始终受到弹体尺寸的限制，而海面背景的干扰与航空器低信号特征技术的进步又都明显降低了舰载区域防空导弹远距离独立攻击的有效性。区域防空导弹的远程防御和数据链引导下的超视距攻击只是弥补缺陷的方法，不可能真正解决防空导弹有效射程低于反舰导弹的缺陷。

理论上讲，现代海军编队的确可以利用编队协同来实现多层对空防御，但是水面舰艇本身是构成这个整体的节点，整个编队中单独水面舰只的安全和整体的安全是难以分割的共同目标。战争经验证明，水面舰艇的防空武器必须具备多层拦截的能力，应利用其互为补充为编队构成连续的多目标拦截体系，而不要将希望寄托在某型装备的出色发挥上。唯有如此，才能满足编队整体防空战斗力的稳定，同时在独立作战时保证必要的生存能力。

1.7 反潜导弹的发展历史

潜艇从一个世纪前的"一战"开始，成为海军重要舰种。两次世界大战期间，潜艇在技术还不够成熟的情况下，虽然在德国海军手中发挥了重要的战略价值，几乎实现了德国海军海上封锁的战略目标，但潜艇的单打独斗式袭击最终还是被护航作战体系所压倒。

潜艇技术在"一战"期间还很不成熟，当时的潜艇只是可以短时间潜水的慢速鱼雷艇，单艇作战的效能不高，护航力量依靠整体实力即可抵消潜艇的威胁。但潜艇的技术在"二战"期间发展较快，不过雷达和声呐的技术发展也促进了反潜能力的提高，火箭／火药推进的深水炸弹和制导鱼雷的出现，以及专门的航空反潜装备的应用，使潜艇在对抗中受到很大限制。德国的潜艇破交战虽然没有取得胜利，潜艇部队本身也承受了非常大的损失，但面对盟军在雷达、声呐、航空和情报上整体优势的压力，潜艇技术水平也在对抗中取得了明显的进步。

常规潜艇技术在"二战"末期得到根本性的提高，雷达、声呐和制导鱼雷的应用，以及通气管对潜艇隐蔽性的增强，都促进了常规潜艇战斗力的发展。核潜艇在20世纪60年代达到实用装备标准后，又增强了潜艇在深远海作战的效能，弹道导弹核潜艇更是成为重要的战略武器。

潜艇技术的发展与反潜技术的提高相互促进，高性能潜艇也加速了新的反潜装置的应用。在国外海军于20世纪50年代后期发展的反潜系统中，除了延续使用"二战"中得到应用的声呐、雷达、深水炸弹武器和制导鱼雷外，专用反潜机和反潜直升机也开始装备海军舰艇。"冷战"期间，反潜武器的射程虽然有所增加，但抛射深弹的射程只有100米左右，火箭助推深弹可达500～2500米，机／舰载反潜鱼雷则在4～5千米。水面战舰反潜武器的有效射程在5千米左右，同期的潜用重型反舰鱼雷射程则在10～20千米，水面舰艇反潜武器射程明显低于潜射反舰武器。

美国海军为填补战舰与直升机之间的反潜空白，扩大反潜作战武器火力范围的衔接性，研制出了反潜导弹这一新式海战导弹。

最早装备、也是最典型的反潜导弹是美国的RUR-5"阿斯洛克"。该型反潜导弹是美国海军于1961年装备的，采用倾斜发射，利用固体火箭推进，将MK44/46轻型制导鱼雷或加装W44核深弹战斗部的反潜鱼雷发射到潜艇附近。

反潜导弹这一新型武器在"冷战"早期开始装备，到"冷战"中期已经是一个标准舰载反潜武器，并成为各海军强国反潜舰的常规装备。美国和苏联各自发展出了采用弹道式飞行的RUR-5和飞航式

倾斜发射的RUR-5A反潜导弹

SS-N-14反潜导弹

飞行的SS-N-14反潜导弹，射程则覆盖了从10～55千米的范围，值得一提的是，苏联海军装备的SS-N-14反潜导弹还具备反潜／反舰双用途。

反潜导弹远射程是发展的方向，但声呐的目标搜索精度却随着距离越远而越低。反潜导弹攻击目标需要依靠鱼雷导引头，如果鱼雷入水时的偏差接近导引头搜索距离的边缘，将很容易因为无法发现目标而失去攻击效能。为了提高鱼雷的入水精度，美国海军将RUR-5的射程控制在定位精度较高的舰载主动声呐工作距离内；苏联的SS-N-14实施远程攻击则必须依靠直升机，通过直升机的目标定位信息修正SS-N-14的瞄准误差。而舰机组合远程反潜方式又对制空权以及其他相关战场环境提出了更高的要求。

反潜鱼雷、反潜制导鱼雷和反潜导弹三者皆以反潜为作战目的。反潜鱼雷是以反潜为目的的鱼雷；反潜制导鱼雷是加装了制导部件的反潜鱼雷，可提升打击精度；反潜导弹则是轻型反潜鱼雷与助推火箭组合，开发出的火箭助推鱼雷，这是一种新式的海战导弹。

RUR-5箱式旋转发射架

反潜导弹采用鱼雷作为战斗部时，鱼雷导引头的性能决定了目标搜索范围，导弹的弹道定位能力则决定了鱼雷入水的精度。西方海军轻型反潜鱼雷口径普遍在 0.33~0.4 米，主动声呐导引头的有效探测距离在 0.8~1 千米。为了弥补鱼雷导引头性能的不足，苏联海军为反潜导弹配备了 0.53 米口径的鱼雷，利用大直径鱼雷扩大导引头的声呐口径，改善鱼雷声呐的目标搜索条件。直到"冷战"后期，声呐技术水平明显提高后，苏联海军才开始在反潜导弹上，安装口径小于 0.45 米的轻型反潜鱼雷。

美国海军在"冷战"前、中期很重视反潜导弹装备，在大、中型水面舰上普遍配备 RUR-5 的箱式旋转发射架（部分型号可通用"海麻雀"点防空导弹），也能使用"标准"防空导弹的旋转臂式发射架发射 RUR-5，并在 20 世纪 80 年代发展出适用于 MK41 垂直发射系统的 RUM-139A，其核潜艇也装备了 UUM-44A 核反潜导弹。苏联海军反潜舰也普遍装备有 SS-N-14，核潜艇则装备了 SS-N-15 作为反潜自卫武器。

"冷战"前期，反舰制导鱼雷射程有限，有效射程大都不超过 20 千米，但从 20 世纪 60 年代末期开始应用线导+末制导技术后，反舰重型鱼雷的射程迅速增加，533 毫米口径电动力鱼雷的射程超过了 20 千米，热动力鱼雷则达到了 30~40 千米，苏联海军 650 毫米口径重型线导+尾流制导鱼雷的最大射程已经超过了 50 千米。"冷战"后期，西方国家海军装备的潜射重型鱼雷的反射程也达到了 50 千米，潜射反舰导弹的射程则达到了 70~130 千米。

美国海军装备的常规型 RUR-5A 甚至使更新的 RUM-139A 导弹都难以实现对潜艇的主动攻击。为了恢复反潜导弹的远程打击效能，美国海军在"冷战"后期开始研制"海长矛"反潜导弹，力图通过技术改进使其射程达到 100 千米，重新恢复反潜导弹对潜艇的先发打击优势，但却因为受到远程声呐探测效能和精度的制约，反潜导弹的远射程并没有那么容易实现，相关的高成本和高技术难度则限制了装备条件。

美国海军在"冷战"结束后放弃了"海长矛"项目，除了因为技术难度大和装备效率低，且远洋区域范围可以依靠反潜机

SS-N-15反潜导弹

执行反潜任务外，还因为由拖曳线列阵声呐和反潜鱼雷组合的远程打击体系，只适用于背景干扰低的远洋深海作战环境，针对的也是噪声水平高和体积大的核潜艇。美国海军在"冷战"后将海上作战思想确定为"由海到陆"，并且作战地域也发生了重大的变化，强调中、近海对抗常规潜艇的作战环境，"海长矛"的远程打击效能受到很大削弱，装备性能和效用已无法满足实际作战要求。

苏联海军在为反潜舰装备SS-N-14反潜导弹之后，很快认识到这种样样精通的武器实际上并没有那么好用。苏联海军在20世纪80年代的新舰设计中，为增强战舰的作战效能和通用化水平，利用潜射SS-N-15／16导弹的技术基础以及弹载反潜鱼雷技术提高的支持，开始用SS-N-16取代水面舰使用的SS-N-14。

按照现有资料数据，SS-N-16是SS-N-15潜射反潜导弹的改进型，拥有533毫米（SS-N-16A）和650毫米（SS-N-16B）两种口径，可用于水面舰鱼雷管发射的是较小型的SS-N-16A。SS-N-16A长8.17米，可以容纳到苏联标准的舰用重型鱼雷发射管中，战斗载荷为1枚航速40节、航程15千米的反潜鱼雷。

SS-N-16B因鱼雷直径加大，所以需要从专用发射管发射。

苏联和美国海军在"冷战"末期装备的反潜导弹，无论是RUM-139A还是SS-N-16A，都是采用固体火箭动力的弹道式导弹，以轻型反潜制导鱼雷作为基本战斗载荷，射程在10～37千米。飞航式反潜导弹的射程虽然更大，飞行控制和目标位置修正也比较灵活，但大射程对侦察、定位的要求比较高，实战中不容易发挥大射程的积极作用。按照现有海军战术导弹武器结构模块化、外形标准化和发射装置垂直化的特点，外形规则的弹道式反潜导弹将更有发展潜力。

第 2 章　各国海战导弹巡礼

2.1 特立独行的"航母克星"——苏联大型反舰导弹

苏联反舰导弹在发展初期，走的是飞机无人化的技术途径，早期型号外表看起来就是架遥控的小飞机。装备水面舰艇的SS-N-1（"狗鱼"）应用了类似喷气战斗机的外形，采用折叠弹翼以便安装到驱逐舰上之后，仍然需要使用钢架式发射架发射。SS-N-1巨大的发射架和弹库不但占用了大量空间，也使每艘战舰只能一次发射一枚导弹，完全无法满足苏联海军集中攻击的导弹作战需要。SS-N-1是苏联海军首型实用的反舰导弹，拥有80千米最大射程和足够大的威力，其分离式水下爆炸战斗部设计思想也很有新意，但SS-N-1毕竟代表的是早期探索时期的技术标准。装备驱逐舰的"狗鱼"很快被SS-N-2所取代，巡洋舰上装备的同型号则开始被SS-N-3B替换。苏联海军从SS-N-1之后，反舰导弹就开始按照反航母和反水面舰两条线发展，反航母反舰导弹更是采用了一弹一代平台的装备方式。

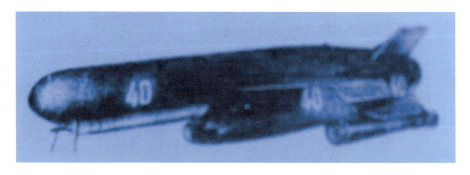

SS-N-1（"狗鱼"）反舰导弹

SS-N-3是苏联海军第一代实用化反航母导弹，是以SS-N-3A陆攻巡航导弹为基础，分别以水面舰（SS-N-3B）和潜艇（SS-N-3C）为平台，用以执行远程攻击航母战斗群的重型超音速反舰导弹。SS-N-3改变了SS-

N-1小飞机的结构布局，采用了细长弹体下进气道，正常翼面布局的总体设计，导弹技术标准和飞行性能远远超过之前的反舰导弹。

SS-N-3反舰导弹在1959年开始试验，1963～1968年装备了8艘巡洋舰（4艘"肯达"级与4艘"克列斯塔"级），潜艇则装备了16艘J级常规潜艇（带弹4枚），以及28艘EII级核潜艇（带弹6枚）。SS-N-3反舰导弹具备当时技术标准下的超远程打击能力，有效射程可以达到300～350千米，飞行速度为1.5马赫，拥有一个800千克的常规弹头或10万吨当量的核弹头。按照苏军的装备配比，带有SS-N-3的战舰都混装常规弹头和核弹头，普遍是每舰带2枚核导弹，其他导弹则为常规弹头。

SS-N-3的制导方式为中段惯性／多普勒末段主动雷达制导。SS-N-3发射后首先进入高度较大的巡航航线，在雷达开机后进行扇区搜索，当搜索到目标后，雷达图像通过无线电传输回母舰控制中心。控制中心操作员对雷达图像进行识别，确认并标识出航母或巡洋舰类重点目标，接收到母舰回传确定目标数据的导弹转入自动跟踪，并降低高度后以高速向目标冲击。按照导弹战术设计要求，导弹将在距离目标约20米处小角度入水，战斗部在目标水线以下爆炸以增加对舰体的破坏力。如果是核战斗部的

SS-N-3反舰导弹

话，威力会相当大，水下爆炸足以彻底破坏航母，甚至对整个编队都将造成巨大的损失。

SS-N-3雷达导引头开机并发现目标后，由发射平台上的控制员人工选择瞄准目标的锁定方式，避免了对编队集中发射的导弹出现重复瞄准一个目标的过度杀伤，或瞄准点过于分散导致火力集中度降低的问题，但这种控制方式却存在通信通道有限和限制平台运动的缺陷。载弹平台在发射导弹后，为满足瞄准目标的要求，必须在战区停留(潜艇需要持续浮在水面)相当长的时间，尤其是SS-N-3控制通道有限，导致多枚弹必须分批发射和分批制导，增加了载弹平台的暴露时间和战场危险性。

潜艇水面发射导弹的优点是系统简单，缺陷则是暴露了潜艇的位置，当雷达扫描已经成为海上搜索的主要方式后，浮出水面准备导弹发射的潜艇是个明显的靶子。水下发射反舰导弹的隐蔽性突出，载弹平台的生存能力可大幅度提高，如果再取消中继制导和目标确认的过程，"发射后不管"的反舰导弹的战术价值很高。

这种水下发射导弹的战术价值，是SS-N-3的后继型号SS-N-7得以开发和装备的基础，不过这也使SS-N-7大幅度缩短了有效射程。为了改善潜艇发射反舰导弹的攻击隐蔽性，苏联在1959年开始研制水下发射的SS-N-7反舰导弹。SS-N-7是技术水平比较出色的中程反舰导弹，为对抗航母的需要，装备潜艇的SS-N-7射程虽不如SS-N-3，但却拥有与SS-N-3同样威力巨大的战斗部。

SS-N-7的动力由组合固体火箭助推器和火箭发动机组成，采用弹翼加尾翼的常规气动布局，外形看起来像是SS-N-2的拉长放大型。SS-N-7带有4组火箭助推器，其中2组为水下工作火箭助推器，2组为水上加速用火箭助推器。SS-N-7的弹体截面比SS-N-3小得多，雷达和红外信号强度也比较低，并具备在水下30米深度发射的能力。

SS-N-7的最大射程为70～80千米，巡航飞行高度低于100米，带有一个1000千克的常规战斗部，或当量20万吨的核战斗部。SS-N-7最初在P级巡航导弹潜艇上试用，但主要装备的则是多达11艘的CI级巡航导弹核潜艇。SS-N-7只能由潜艇发射，发射管安装在潜艇耐压壳体外侧的隔舱中，每艘CI级潜艇带有8枚导弹，正常配置为6枚常规型加2枚核弹头型。导弹发射出水后首先进入60米的巡航高度，由雷达高度表控制导弹的巡航飞行高度，末段则由主动雷达导引头搜索并自主攻击目标。新的制导系统提供了SS-N-7的自主作战能力，潜艇可以在短时间内发射全部导弹，并可在导弹发射完成后迅速脱离战位，大幅度增强了CI级导弹核潜艇的生存能力。

以当时的技术水平评价，SS-N-7确实是种很先进的潜射反舰导弹，但苏联潜艇指挥官清楚地认识到，使用SS-N-7攻击航母是个不可能完成的任务。SS-N-7最大的问题并没有出在导弹上，而是当时苏联潜艇的声呐技术水平太低，即使潜艇在接近目标时就清楚目标位置，但要保证射程相对较大却速度较低的SS-N-7跟踪到目标，仍然需要由潜艇对目标建立有效的声呐接触。CI潜艇的模拟式"刻赤"被动声呐的搜索距离只有30～35千米，当换装"红宝石"数字声呐后才增加到150千米。根据苏联海军演习的结论证明，CI级潜艇发射SS-N-7的有效距离只有50千米，而以当时苏联海军战术计划体系的观点，核潜艇几乎没有可能逼近到距美国航母战斗群100千米半径之内，SS-N-7事实上仅提供了实用的水下巡航导弹发射体系。为了提高潜射反舰导弹的作战效果，苏联海军通过第一代SS-N-3/7的研制和装备，建立起了对航母有效攻击的导弹作战能力，但第一代重型反舰导弹的技术还不够成熟，不但在命中精度和突防能力上存在缺陷，也无法真正实现苏联海军规划中的远程饱和攻击能力。第一代重型反舰导弹仅仅是打下了装备基础，当苏联军事工业技术水平得到提高后，很

第2章 各国海战导弹巡礼

快开始了第二代重型反舰导弹的研制。因此，苏联在SS-N-7刚刚完成试验的同时，就开始研制SS-N-7的增程型SS-N-9。

SS-N-9虽然是SS-N-7的增程型后继弹，延续了SS-N-7以攻击航母为自己的重点目标，但SS-N-9事实上已不再是反航母系统的构成，而是一种攻击范围更大的通用型反舰导弹，其发射平台的种类和作战任务的范围也更大。

SS-N-7反舰导弹后部发动机

SS-N-9是苏联首型可装备轻型水面舰艇的通用反舰导弹，相对于只能由巡洋舰等大型舰艇装备的SS-N-3，SS-N-9的射程适中并且威力充足，又有比较好的适装性，可在不足千吨排水量的高速轻型导弹舰上装备。SS-N-9大幅度增强了苏联海军近、中海域反舰打击火力，并与"纳务契卡"舰共同组成了苏联的近海快速水面打击集群。这使苏联海军在反水面舰艇的战术上更加灵活，也是兼顾反航母和反水面舰艇通用弹的成功尝试。

SS-N-9仍然维持了SS-N-7的动力组合形式，但用2枚通用火箭助推器替代了SS-N-7的组合火箭助推器，不但能够由潜艇在水下50米发射，也可以在水面舰艇上用倾角20°～25°的发射管发射。SS-N-9采用改进的主动雷达和被动红外复合导引头，具备"发射后不管"和抗电子干扰能力，命中率和作战效能比 SS-N-7 有明显提高，并可用于改进的 SS-N-7 潜射发射系统。SS-N-9 仍然采用亚音速低空巡航飞行方式，只是将巡航飞行高度降低到 40 米，导弹的射程也增加到 120～150 千米，但为增加射程，付出了战斗部重量降低到 500 千克的代价。

SS-N-9 虽然战斗部威力不算小，并可采用核战斗部，但射程有限，不算是成功的反航母导弹。因为装备 SS-N-7/9 的 CI/CII 级核潜艇，在苏联海军中基本被作为首波攻击潜艇使用，SS-N-7/9 主要发挥的也是攻击驱逐舰等军舰目标的功能。SS-N-9 反航母的效果相当有限，却是苏联海军首个通用化反舰导弹，既可由潜艇也可由水面舰艇发射，既能攻击航母之类的大型目标，也可打击 1000 吨级小目标，单枚毁伤效果就足以重创巡洋舰。SS-N-9 作为攻击核潜艇的配套反舰武器，在战术上发挥了相当出色的效果，也是新一代 SS-N-26/27 开发项目的早期基础。

SS-N-12 研制的开始时间与 SS-N-9 相同，作为水面发射的超音速反舰导弹，SS-N-12 具备舰／潜通用的技术标准，但在技术上相比 SS-N-3 的进步却是革命性的。SS-N-3 的缺点是射程低、自主作战能力差和饱和攻击能力弱，SS-N-12 重点解决的就是这几个缺陷，并根据美国海军航母编队装备的发展采取了针对性措施。

SS-N-12 的外形和 SS-N-3 的差异不算大，发射方式也大体相同，尤其是潜射型号的尺寸和安装方式标准化，更是为 EII 核潜艇提供了较好的基础。SS-N-12 也是苏联最后的一款需要潜艇浮出水面发射的反舰导弹。

西方国家对苏联海军反航母导弹发展非常重视，却长期忽略了 SS-N-12 的价值。因为 SS-N-12 与 SS-N-3 发射系统外形类似，使西方对 SS-N-12 的战斗力带有自然的轻视，直接结果就是 EII 改装 SS-N-12 后很长时间都未被识别出来。

SS-N-12 的最大射程达到了 500 千米，接近美国航母舰载机防御圈的边缘，由于距航母编队越远航空兵力的密度越低，潜艇在水面发射SS-N-12的安全性要远高于发射SS-N-3。SS-N-12采用2台外挂固体助推器和1台液体火箭冲压发动机，在高空的最大飞行速度可以超过2马赫，在低空的最大飞行速度也能够达到1.5马赫，高空巡航高度约7千米，低空高速掠海飞行高度仅有30米。SS-N-12维持了反航母专用弹的威力标准，拥有1000千克常规弹头和20万吨当量核弹头。苏联海军用SS-N-12替代了10艘EII级潜艇上装备的SS-N-3，并装备了4艘"基辅"级载机巡洋舰和3艘"光荣"级导弹巡洋舰。

SS-N-12采用惯性平台中段和主动雷达末制导系统，拥有弹载数字

正在装填的SS-N-12反舰导弹

式导航系统和集群数据链。潜艇利用"胜利"或"传奇"目标指示系统确定目标，在很短时间里就可连续发射8枚SS-N-12，发射后的导弹采用弹群主引导和分配技术，即发射后的弹群中会有1枚在5～7千米高度领先飞行，其他导弹在低空采用全被动方式跟随领弹，领弹采用主动雷达对目标

进行扇面搜索。到达目标区域后，由弹载计算机和任务分析系统识别搜索到的目标图像，通过数据链自动为弹群中的其他导弹分配目标。通常领弹将弹群中的一半导弹（包含自己）分配为集中攻击航母，其他则以单弹单舰的方式瞄准编队其余战舰。领弹采用主动雷达搜索方式带领弹群，弹群中的其他弹采用被动跟踪模式，直到接近目标才开启雷达主动搜索方式。领弹如果在飞行过程中被击落，则弹群中另一枚弹按照规划程序自动爬高接替领弹。SS-N-12通过弹载计算机和任务管理系统，由领弹执行原SS-N-3回传载舰控制中心识别目标的环节，每个弹群自主构成一个完整的目标"搜索—分配"体系。

SS-N-12的体积较大，目标比较明显，为了降低在长距离巡航过程中的危险性，每枚导弹都装备有完整的电子对抗系统，能够对拦截系统的引导雷达进行主动电子干扰，通过高速和电子对抗提高导弹的突防能力。作为被动防御措施，SS-N-12还在重要部位敷设了装甲防护，有利于削弱小口径拦截弹丸近距离爆炸破片的毁伤。在接近目标过程中，因SS-N-12有超过1.5马赫的高速度和装甲防护，航母近程防御系统中，除非有直接命中的近程防空导弹，否则很难破坏其飞行状态。20毫米的"密集阵"近防炮对SS-N-12根本没有作用，即使雷达导引头被近防炮摧毁，导弹也可依靠预设瞄准点和惯性命中目标。按照SS-N-12的技术指标分析，如果在中段无法拦截消灭或进行有效电子干扰，进入末段的SS-N-12基本无法由航母近防火力拦截。

正是因为作为美国海军舰艇最后防线的"密集阵"无法应付苏联重型弹，新开发的"拉姆"近防系统不但采用蜂窝多枚同时发射的方式，也尽可能争取用直接撞击的方式拦截反舰导弹目标。"拉姆"的撞击拦截方式不容易对付"飞鱼"这样小尺寸的导弹，但却适用于对抗红外信号强烈又有较大迎头面积的SS-N-12。

SS-N-19是苏联时代最先进的重型远程反舰导弹，是新一代潜射远程反航母体系的重要组成部分，也是O级重型巡航导弹核潜艇的配套武器。SS-N-19在1969年开始研制，却因为技术过于复杂，导致项目开发周期拖延很久。SS-N-19的技术指标总体上与SS-N-12类似，但却采用了全新的弹体设计动力系统，用串联助推火箭取代了SS-N-12上的独立外置火箭，降低了导弹系统尺寸和外形复杂程度，具备了实现潜艇在水下发射导弹的技术条件。

在苏联海军的潜艇反航母突击力量建设中，SS-N-12的存在增强了远程打击效果。CII和SS-N-9组成水下发射反舰导弹的打击火力不足，基本不具备有效突破美国航母战斗群的能力。EII换装SS-N-12后虽然增强了作战能力，但水上发射导弹仍然不利于战术应用，尤其是无法在西方海上巡逻机任务区内发射，限制了核潜艇在远洋对美国航母战斗群独立进攻的能力。美国航母战斗群除自身反潜力量外，普遍可以得到12架左右P-3C的支援，陆基反潜巡逻机实施的编队外围防御半径近1000千米，远远超过了SS-N-12的有效射程。

SS-N -19远程反舰导弹是O级核潜艇的配套装备，综合了SS-N-12的远射程、高速度以及可由潜艇水下发射的优势于一体。苏联海军在O级巡航导弹核潜艇上各装备了24枚SS-N-19，"基洛夫"级导弹巡洋舰则装备有20枚SS-N-19，"库兹涅佐夫"号航空母舰则装备了12枚。巡洋舰装的SS-N-19因为直接应用了潜射系统，在发射SS-N-19前需要和潜艇一样向发射管注水，这也算是一个另类的发射方式。

SS-N-19的瞄准和指挥系统与SS-N-12技术思路完全相同，齐射导弹的数量增加到20枚（巡洋舰）至24枚（核潜艇）的规模，单舰饱和攻击的火力密度比SS-N-12增加了2.5～3倍。SS-N-19采用了有3个处理器的弹载数字计算机，并装备有计算机控制的综合电子对抗系统，具备对雷达欺骗干扰和末段反拦截机动能力，重点部位同样拥有比较完善的装甲防护。

SS-N-19仍然采用高空领弹搜索和分配目标的突防引导体系，领弹与弹群的关系和使用过程与SS-N-12类似，但通信通道和数据处理能力更为强大。SS-N-19拥有550千米的最大射程和2.5马赫（高空）与1.5马赫（低空掠海）的飞行速度，拥有750千克常规战斗部或当量20万吨的核战斗部。在苏联海军的反航母作战规划中，将用3~5艘O级潜艇组成一个打击群，依靠卫星信息对目标编队在包围占位后进行集中突袭，同时向一个编队目标发射72 ~ 120枚SS-N-19反舰导弹。作战海域如果是苏联接近的海区，结合其他攻击平台和远程航空兵的空射反舰导弹，理论上可以将导弹突击的规模增强到150枚，可在O级的SS-N-19突击后进行短间隔的第二次补充打击。

苏联海军在大规模装备SS-N-19后，才建立起对航母战斗群近百枚反舰导弹的有效突击火力，足以使航母编队中的舰载机拦截和护航舰艇的防空系统饱和，即使没有得到远程轰炸

SS-N-19反舰导弹

机和水面舰艇的配合，单纯依靠四五艘O级核潜艇就可进行一次打击。

苏联海军建立起SS-N-19打击力量后，与SS-N-12共同组成相互配合的打击体系，是冷战期间对美国航母最直接的威胁，也是到目前为止技术和战术上最有效的反航母打击体系。

用庞大的资源投入成功发展了几代导弹和发射平台，苏联海军反航母导弹攻击系统的目的性很强。但这种针对性装备的维持投入实在太大，当这个体系接近技术战斗力最高峰时，苏联的崩溃也使这个体系受到了巨大的破坏。苏联时代建立起来的三四个反航母攻击群，目前俄罗斯海军仅能够勉强维持一两个，海外基地的丢失和卫星系统的老化，也使"胜利""传奇"目标搜索系统不再那么可靠。苏联解体后的远程打击力量削弱，使美国海军航母战斗群不再需要小心翼翼；铺天盖地的SS-N-12/19集群的消失，也使F-14"雄猫"舰载战斗机及其搭载的"不死鸟"超远程空空导弹成为多余。

苏联反航母重型反舰导弹的弱点，主要是专用弹对载弹平台要求较高，作战系统的组合和战术应用难度大，实现系统建设所需要的投入规模过大，武器系统更新换代速度快也加剧了成本压力。苏联对反航母反舰导弹的开发在世界上并无模仿者，这是因为这套作战体系太过于极端，其

苏联反航母饱和攻击系统理论上是有效的，但却始终没有达到战争需要的规模，这套体系在苏联解体后快速崩溃，也证明了极端措施在系统配置上存在的缺陷，相比其装备的通用化程度较好的一般战术反舰导弹，重型反航母饱和攻击系统既无"钱途"，也再无前途。

他国家很难在技术和装备上具备同样的条件，剑走偏锋见效虽快却始终缺乏持续稳定的基础。苏联时代那么大的投入规模，也只勉强建立起三四个可有效实施饱和攻击的反航母战斗群，实用规模甚至不到美国海军当时可用的15艘重型航母的1/3。

2.2 纷繁复杂的苏/俄海军战术反舰导弹

苏联海军在"冷战"初期是支防御性海上力量，虽然反航母的需要促进了重型反舰导弹的发展，但沿海防御和抗登陆作战要求，却需要建立起有效的近海反舰能力。西方国家海军拥有大量水面战舰，从航空母舰、战列舰、巡洋舰到驱逐舰，种类齐全，规模庞大。苏联海军则没有足以对抗的大型水面作战舰只，近海防御舰艇的反舰导弹虽然地位不如反航母导弹，但也成为苏联海军装备和作战体系建设的重点。

按照苏联海军20世纪50年代初期的战术论证数据，高航速的小型舰艇在近海作战时，在驱逐舰雷达探测范围边界（30～35千米），小艇能够比驱逐舰提前10分钟发现目标。如果采用反舰导弹进行攻击，快艇可在驱逐舰的火力范围外发射导弹，突防概率比使用鱼雷高15～20倍，导弹（射程35千米）比鱼雷（发射距离2千米）命中率高10倍（最保守估计），将敌方战舰的预警和反应时间压缩90%～95%。如果以驱逐舰为典型目标，1艘导弹艇的作战效率超过6～8艘鱼雷艇，同样毁伤效果的综合作战效率可以提高近百倍。

苏联海军早期舰载反舰导弹的体积庞大，发射系统和弹库占用了大量空间，只能安装到驱逐舰这样的中型水面舰艇上，使用过程复杂，命中率也不高。苏联海军为了强化近海作战能力，迫切需要得到可用于小艇的有较强自主作战能力的反舰导弹。按照苏联海军论证的结果，新型SS-N-2

反舰导弹可用于鱼雷艇尺寸的平台，能够在驱逐舰雷达探测距离外满足发射条件，并实现完全意义上的"发射后不管"。

SS-N-2是彩虹机械设计制造局按海军要求发展的首型实用化中型反舰导弹。SS-N-2自重3吨，拥有513千克战斗部，采用主动雷达导引头制导，改进型还装有作用距离10千米（昼间）和5千米（夜间）的红外导引头。SS-N-2重点装备了"蚊子"级（生产超过112艘）和"黄蜂"级（生产427艘）导弹艇。这两型导弹艇不但构成苏联近海作战的主力，也大量出口，并在中东战场上取得了战绩。SS-N-2早期型的射程为45千米，改进型SS-N-2C采用了复合制导，后期型SS-N-2D最大射程提高到100千米，并具备了在海面15米高度掠海巡航飞行的能力。

SS-N-2具备系统集中度好、可靠性高、安装适应性强等特点，不但苏联海军舰艇大量装备，还出口到印度、埃及、伊拉克和越南等国。中国利用引进的SS-N-2导弹技术，独立研制并开发了SY（上游）、HY（海

正在发射的SS-N-2"冥河"反舰导弹

鹰）和 YJ（鹰击）系列反舰导弹。这些经过独立研制、开发的系列反舰导弹不但成为中国海军装备的第一代主力反舰导弹，也大规模对外出口，并在两伊战争中有所使用。

1967 年 10 月 21 日，埃及海军的导弹快艇使用 SS-N-2 导弹，击沉以色列的"埃拉特"号驱逐舰，成为世界海战史上导弹

"埃拉特"号驱逐舰

快艇的第一次"亮相"，也是世界海战史上首个反舰导弹击沉水面舰船的战果。SS-N-2反舰导弹的表现一举震惊世界。

SS-N-2的技战术和装备效果很好，但突防能力不足，并不符合苏联海军的目的和期望。于是，在20世纪70年代初，苏联彩虹机械设计制造局开始发展新型导弹，即采用主／被动雷达导引头和冲压／火箭组合发动机的新弹，这就是著名的SS-N-22（"白蛉"）。

SS-N-22采用双交叉翼常规布局，稳定翼位置设置4组冲压发动机进气道，高空最大飞行速度为2.6马赫，低空掠海飞行速度也能够达到1.5马赫。SS-N-22基本型3M80高—低混合弹道的射

程为120千米，低空弹道的射程为80千米；SS-N-22改进型3M82的相应射程提高到160千米和120千米。SS-N-22具备任务规划能力，可以通过火控系统装定数据，保证短间隔发射的多枚导弹几乎同时到达目标区，使被打击目标防空系统的拦截压力增大而降低其拦截成功率。

SS-N-22的射程和突防能力远超SS-N-2，更重要的是SS-N-22具备末段机动飞行能力，其射程数据（不包括末段机动航程消耗）、制导精度、突防能力和毁伤效果全面超过了SS-N-2。SS-N-22主要装备驱逐舰和轻型导弹舰。驱逐舰编入舰队执行编队护卫攻击任务，以西方国家舰队的驱逐舰和护卫舰为主要目标；轻型导弹舰则在近海用2～4艘集群作战，按每个目标发射2～4枚导弹的标准来保证毁伤效果。

中国海军随"现代"级导弹驱逐舰引进了SS-N-22（3M80E）导弹，国内媒体虽然将SS-N-22称为"航母杀手"，但从苏联海军装备体系和战术思想来分析，SS-N-22从来就没有被当成

SS-N-22反舰导弹

是打击航母的重要武器，其作战定位与航母战斗群最密切的关系也只是用来杀伤编队内为航母护航的驱护舰。SS-N-22应该具备与SS-N-12类似的领弹集群引导能力，但SS-N-22的弹群规模只有3～4枚。不过，出口的SS-N-22并没有安装领弹集群作战的弹载系统。

针对SS-N-2和SS-N-22反舰导弹外形过于庞大、目标特征明显的缺陷，进入20世纪80年代后，苏联新星试验设计局开始研制通用轻型反舰导弹SS-N-25，这种导弹分为空射型和舰射型。

SS-N-25的技术指标中规中矩，无论是掠海高度3～5米、巡航飞行高度15～20米，还是飞行速度0.9马赫，最大射程130千米，这些指标数值都与西方同类导弹武器系统的基本数据相当。SS-N-25总体布局和结构类似美国的"鱼叉"，苏联海军主要用其拦截导弹艇等小型战舰和登陆舰艇。

SS-N-25反舰导弹

按苏联海军的传统观点，打击这些目标不需要SS-N-9/22这样的高性能导弹，SS-N-2又显得太大、太重，又过于落后。实际上，SS-N-25是种技术并不先进（相对于同时期的SS-

N-26）的反舰导弹，只是重点加强了对抗高速小目标的能力。它由ARGS-35主动雷达导引头制导，拥有145千克高爆／燃烧战斗部。

实际上，无论是在海军还是在出口市场上，SS-N-25都已成为SS-N-2的自然替代者。SS-N-25的尺寸和重量都很小，舰射型采用4联KT-184发射装置，导弹弹翼折叠后装在发射管内，每个SS-N-2安装点可以安装4枚SS-N-25。印度海军"布拉玛普特拉"级护卫舰就用4组16枚SS-N-25，替代原来相同位置的4枚SS-N-2C。越南从苏联引进的轻型导弹舰上，也安装有SS-N-25。

SS-N-25的技战术水平比较均衡，综合作战能力也较好，成本和维护要求远比SS-N-26/27低，比较适合中、小规模海军的反舰导弹装备，与中国的"鹰击"-8系列反舰导弹既是战场上又是市场上的对手。

虽然，苏联海军很满意SS-N-22的作战能力，但对其尺寸和重量极其不满意，尤其是它的重量对轻型导弹舰来说太大了。为了能够提高反舰导弹的适装性，使中、轻型导弹艇也具备较好的饱和攻击能力，苏联机械制造科研生产联合体在20世纪70年代后期开始发展新型超音速反舰导弹。

苏联海军对新弹的要求是不仅可以由水面发射，也可具备岸基发射和空射能力（由此可判断出SS-N-25与SS-N-26之间存在高低搭配的关系），同时可装备常规潜艇和核潜艇。导弹具备全自主飞行及"发射后不管"能力，弹道灵活，不同发射平台的弹种要有最大的通用化水平。空射型可装备航空兵的超音速战斗轰炸机。

SS-N-26在1987年开始试验，具备多种弹道形式，最大飞行高度可以达到20千米，高弹道巡航飞行高度为14千米，低空掠海飞行高度为5～10米。SS-N-26的高空最大飞行速度为2.6马赫，低空则为1.5～1.7马赫，采用高—低弹道的最大射程为300千米，全低空弹道的最大射程为120千米（射程指标中均未包括末段机动飞行的距离）。SS-N-26的雷达最大搜索距离为60千米，末段精密跟踪距离为20千米，具备被动跟踪和很强的抗电子干扰能力，并采用类似SS-N-19的领弹集群技术手段实施集中攻击。苏联海军装备的SS-N-26外表涂有吸波涂料，装备有弹载雷达告警与电子干扰系统。实施饱和攻击时，向目标集中发射3～4枚导弹，弹群中有1枚高空领弹，领弹在飞行中启动雷达导引头，弹群在领弹执行搜索和目标分配过程中，用被动引导方式从不同方向飞向目标（依据弹道任务规划，争取多枚弹接近，同时命中目标）。SS-N-26的雷达信号明显小于SS-N-22，但与SS-N-22同样具备重要部位的装甲防护，也同样存在气动加热导致红外信号强的弱点。苏联超音速反舰导弹防护标准和红外信号强的特点，也是美国海军用"海拉姆"导弹近防系统取代"密集阵"多管火炮近防系统的主要应用依据。

苏联海军在开发自用型SS-N-26的同时，也与印度合作开发出口型PJ-10"布拉莫斯"反舰巡航导弹。这种反舰巡航导弹主要装备印度海军驱护舰和岸防力量，并允许印度对外出口PJ-10。根据资料记录估计，PJ-10与SS-N-22的规格和结构相同，但PJ-10没有苏联海军自用型的电子对抗系统，

SS-N-26反舰导弹

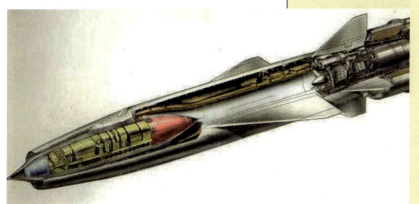

也不具备领弹集群作战技术装备，突防成功率和饱和攻击能力远不能和原型弹相比。

而被西方称为"俱乐部"的SS-N-27反舰导弹，是苏联第一代通用化海基战术导弹，是苏联海军第一个"鱼雷管"导弹系列产品。SS-N-27在20世纪80年代后期开始发展，采用的是与空射巡航导弹类似的折叠翼和尾控制面布局，尾后带有短固体火箭助推器。该系列中的S型由鱼雷管水平发射，N型则由舰用垂直发射管发射。SS-N-27最初是专用于苏联海军的装备，但在研制后期也开始考虑出口的需要。SS-N-27的弹体分为长弹和短弹两个系列，短弹的长度被限制在6.5米以内，并能够适应苏联和西方国家海军潜艇的鱼雷发射管。长弹的弹体长度为8米，但只能用于苏联潜艇的鱼雷管，因为西方国家常规潜艇的鱼雷管长度无法容纳长弹。

SS-N-27长弹型是三级动力的混合速度型反舰导弹。火箭助推段将导弹推动至150米高度后脱落，巡航用涡喷发动机在内埋式进气口打开后，展开平直弹翼和尾翼后进入低空巡航飞行状态，巡航飞行段依靠惯性导航系统进行修正。巡航飞行高度可以维持在10~15米，在距离目标30~40千米时导弹爬高，ARGS-54雷达导

SS-N-27反舰导弹

引头启动并搜索目标，在距离目标20千米时雷达导引头锁定，战斗部脱离弹体并由火箭发动机加速至2.9马赫，在距目标15千米时导弹将高度降低到海面上3～5米，掠海飞行直至命中。ARGS-54导引头有主／被动工作能力，扫描扇面45°，最大探测距离约60千米，混合动力多级弹的最大射程可达220千米，其中约200千米飞行距离采用0.7～0.8马赫的高亚音速，到距目标20千米的末段飞行时则采用超音速突防。

SS-N-27短弹则是将ARGS-54导引头和400千克弹头直接安装于二级弹体，导弹全程采用亚音速飞行方式，巡航段以150米高度和0.6～0.8马赫速度飞行，最后距离目标30千米时，雷达导引头开机，锁定目标后降高至5～10米直至命中，全程亚音速可使最大射程提高到300千米，并具备对陆地目标有限攻击的能力。400千克弹头的标准也可换用2万～20万吨当量的核弹头。

苏联海军以反航母和攻击水面舰艇为目标，针对不同需要分别开发两个系列的反舰导弹，虽然按照需要开发设计了两套反舰导弹系列及不同载弹平台，导弹型号较多也增加了研制和装备成本，但这却在最大限度上发挥了反舰导弹的作战能力。

苏联中型反舰导弹的装备规模较大，出口限制条件也不多，这不但使苏联海军在20世纪60年代就基本实现了导弹化，也在"冷战"期间的局部战争中有所建树，同时在中东让以色列很是难堪，也给美国海军的干涉行动增加了很多的麻烦。20世纪80年代的第二代反舰

对于在"冷战"中不惜代价的军备竞赛来说，苏联的反舰导弹发展思路并没有错误，在实际作战需求上这也是苏联海军当时的唯一有效选择。苏联海军依靠巡航导弹核潜艇和巡洋舰编队的远程饱和攻击能力，在与美国海上力量的对抗中能够有所依仗，在几次对峙中也表现得有声有色。虽然始终没有能够压倒美国海军，但以反航母为目标建立的战斗体系，使苏联海军至少能给美国航母战斗群以极大的压力，迫使美国海军将很大力量用来对抗苏联远程导弹的威胁。

导弹的研制又实现了系列化和全面任务覆盖。时至今日，在世界各大洋上，依旧有为数不少的这种反舰导弹的身影出现。

2.3 "漫不经心"的美国反舰导弹发展之路

1946年，当人们还在第二次世界大战的废墟上重建家园时，未受战火涂炭的瑞典人已经开始在德国技术的基础上，进行"罗伯特"315反舰导弹的研制。这是战后世界上最早研制的实用型反舰导弹。不过，瑞典人的效率显然没有苏联人高。当瑞典人的"罗伯特"315反舰导弹还在测试时，同样基于德国技术的苏联SS-N-1反舰导弹就已经服役了，从而拔得战后第一种实用型反舰导弹的头筹。

然而面对这一切，自恃海空实力超级强悍的美国海军却反应冷淡。虽然美国人对反舰导弹技术也进行了一些探讨，但这些尝试普遍具有试验性质，没有任何实用型号被投入现役，仅仅凭借几种有限反舰能力的舰载防空导弹宣示着自己的技术能力，然而这种"宣示"终究看起来有些"漫不经心"。不过，1967年发生的一件事情，改变了美国人的看法。

在1967年10月的第三次中东战争中，埃及在183P快艇上发射苏制SS-N-2导弹，一举击沉了以色列"埃拉特"号驱逐舰。这件事震惊了世界，也震醒了美国。在意识到为舰队装备反舰导弹是重要的战术趋势后，美国海军的态度开始转为积极。

美国反舰导弹虽然起步晚，但是起点却不低。当美国第一种反舰导弹"鱼叉"在1967年开始方案论证时，大多数第二代反舰导弹并未服役。在"鱼叉"反舰导弹正式研制的第二年（1971年），世界上第二代反舰导弹的代表作法国"飞鱼"才开始装备。美国人凭借着巨大的经济支撑与坚实的技术贮备，不走别人走过的老路，从一开始就将技术起点定在"高位"，试图直接发展新一代导弹，实现整体式跨越。美国人不仅仅是这样想的，也是这样做的，而且做到了。

"鱼叉"反舰导弹集合了当时许多先进的相关技术，采用先进的模块化和标准化的设计思路，这便使得"鱼叉"至今仍然保持着足够的技术先进性。"鱼叉"导弹采用正常气动布局，弹翼与尾翼呈"XX"配置。在导弹腹部和两弹翼之间是涡喷发动机的埋入式进气道，弹体与弹翼都是铝加工构件。"鱼叉"反舰导弹动力装置由特里卡因2CAE公司研制的J4022CA2400小型涡喷发动机与固体火箭助推器组成。而埋入式进气道具有很好的气动特性，也有良好的隐身性能，这为导弹突防能力的提高奠定了基础，同时也为日后发展增程改进型提供了可能性。值得一提的是，这种J4022CA2400小型涡喷发动机，实际上就是法国透博梅卡公司的阿比佐3B发动机的美国版，这从一个侧面反映出了美国军工科研体制的灵活性。

"鱼叉"反舰导弹有一个先进的制导控制系统。飞行的中段由惯性制导系统与高度表控制，飞行姿态的控制由数字计算机自动驾驶完成。该惯导系统在导弹发射

美国夏威夷海军博物馆展出的"鱼叉"反舰导弹

时，即使发射方向与目标方向不一致，仍能控制导弹转向目标。该反舰导弹末端制导采用主动雷达导引头，对目标进行搜索、捕获和跟踪。该系统是全晶体化的，由于采用了宽带频率捷变技术，并与弹上计算机逻辑回路相连，因而具有良好的抗干扰能力。在全天候条件下，还可以对大型舰艇目标，甚至对快艇等小型目标进行探测，这为岛链近海作战与对陆攻击提供了有利条件。

"鱼叉"采用海军武器中心研制的穿甲战斗部，总质量为230千克，装药量为90千克。这对于发射质量仅为682千克（Block 1）的"鱼叉"导弹来说，显然是够大的。战斗部有良好的防跳弹能力，还能以7°的俯冲角从甲板或船舷射入舰体内，由延迟触发引信引爆。此外，它还配有近炸引信，即使导弹没有直接命中目标，导弹也能靠引爆后的高压热气流与碎片重创目标。

尽管与其他国家的反舰导弹发展思路不同，但出于对海上航空打击力量的极度依赖，"鱼叉"系列反舰导弹是以空基而非海基型号作为基本型号的。但各个型号之间的差别其实有限，体现出了深厚的顶层设计功力。

"鱼叉"导弹多种型号气动外形相同，弹体结构也基本一致，只是由于不同平台发射需要而助推器有所不同。导弹的直径均为343毫米，具有很大通用性，而这种通用性首先体现在对发射系统的良好兼容性上。舰基发射型可从MK11、MK13（"鞑靼人"）发射装置发射，也可以与"阿斯洛克"反潜导弹共用发射架（MK112发射架和MK29发射箱），甚至可以使用MK41

MK140是由4个圆柱形发射箱组成的四联装发射架。MK141型发射架也是由几个圆柱形发射箱构成的，通常是双联式发射架，该型发射架通常用在较大的舰艇上。

垂直发射系统发射，或采用MK140、MK141贮运箱发射。上述几种发射装置都不是"鱼叉"导弹的专用发射装置，但有这些发射装置的舰艇就不用再设置"鱼叉"专用发射装置。

空射型"鱼叉"导弹则可采用MA-9A/1型发射导轨（它是S3B、A6E和A7E飞机上使用的发射架），或在P-3C飞机上用Aero 65A1发射导轨发射。不过，如果使用F-16C/D飞机发射该导弹，则须加装"鱼叉"接口。至于潜射"鱼叉"导弹，则是利用标准的533毫米鱼雷管，采用无动力浮力运载器发射。当然，作为以反舰用途为主的多用途导弹系列，"鱼叉"导弹型号不同，所使用的火控系统也有所不同，但差别不是很大。空射型AGM-84"鱼叉"导弹的火控系统是利用载机上原有设备加"鱼叉"专用设备构成

"阿斯洛克"反潜导弹发射架发射"鱼叉"反舰导弹

空射型的"鱼叉"反舰导弹

的。机上原有设备主要有飞机导航装置、武器控制板、中央计算机等，它们将目标数据、载机位置和运动数据提供给导弹专用数据处理装置。

计划初期，"鱼叉"就按照系列化道路，发展了舰射、空射、潜射型号，而且随着技术进步与任务需求的变化，"鱼叉"导弹还一直在进行着升级改进。其中 Block 1A-D、G 为反舰型，从 Block1 E 开始发展对陆攻击技术，最终出现的型号称为防区外发射对陆攻击导弹（SLAM）。

在1986年美国对利比亚的空袭作战中，由于机载导弹的射程近，不能在苏制中程地空导弹防区外发射，作战飞机与飞行员的安全受到了很大威胁。为此，美国战后立即制订了"防区外发射对陆攻击导弹"的发展计划。其作战使命是攻击近岸目标，如港口设施、停靠的大中型舰船，但其成本要比"战斧"反舰导弹低得多。考虑到时间的紧迫性与技术的成熟程度，美军决定在 AGM-84A 空射"鱼叉"弹的基础上发展 SLAM。SLAM 计划是从 1986 年开始的，主承包商是麦道公司，军方编号为 AGM-84E。SLAM 采用了系列化、模块化与标准化的设计方法，成功地体现了"系统集成"的设计思想，即在不改变导弹几何尺寸与发射平台的情况下，用业已证明其成熟而先进的分系统与部件，通过注入高新技术成果而集成一个新的导弹系统。它的优点是最大限度地减

大体来说，AGM-84E 是利用"鱼叉"AGM-84A 的弹体、推进系统、战斗部和控制系统，与现有的"幼畜"AGM-65D 的红外成像导引头、"白星眼"AGM-62A 的数据传输装置以及单通道顺序式 GPS 接收机处理机组合而成的。外形和结构与"鱼叉"的基础型相同，只是比后者略长一些，质量大些。所有能发射"鱼叉"AGM-84A 导弹的飞机均可发射SLAM。后来，SLAM 又进行了SLAM2、SLAM-ER(AGM-84H)、Grand SLAM等一系列升级和改进。

小了技术风险，降低了成本，缩短了研制周期。

至于在SLAM之后出现的"鱼叉"Block 2，则是另外一种思路的"对陆攻击型"多用途"鱼叉"

由"鱼叉"反舰导弹改进而来的防区外发射的SLAM

升级方案，其着眼点在于成本。美国海军要求，把早期型号的"鱼叉"反舰导弹改造成Block 2型，其所花费的代价只有研制新导弹的10%，但性能却可以接近最新型的SLAM-ER。因此，被称为"穷人战斧"的"鱼叉"Block 2保留了Block 1G的弹体和推进系统，而且可与发射Block 1G的舰船、潜艇、空射平台兼容。

最新型的"鱼叉"升级计划被称为Block 3。按照美国海军的意图，"鱼叉"Block 3反舰导弹将成为一种具备完全自主、全天候、超视距作战能力的先进反舰导弹。不过，2009年因经费超支而被取消。

总之，由于长期以来几乎没有间断的技术革新和升级改造，"鱼叉"系列反舰导弹作为美国唯一在役的反舰导弹，单独扛起了美国反水面作战的"大旗"。

而在"鱼叉"导弹项目开始不久，美国海军

意识到还需要一种射程更远、威力更大，同时还应尽可能利用"鱼叉"导弹相关技术成果的"多平台通用型远程反舰导弹"作为补充。于是，在这个思路的引导下，美国国防部巡航导弹计划联合办公室决定以正在研发的通用动力BGM-109A舰（潜）对陆型远程战略巡航导弹为基础，衍生出一种射程400千米以上的反舰型号，这就是后来大名鼎鼎的BGM-109B（"反舰战斧"）。

BGM-109B于1972年6月开始研制，1981年开始作战试验和鉴定，原计划1982年初具备潜射作战能力，到1983年6月装备水面舰艇。由于计划变动，潜射型推迟至1983年11月，舰射型则推迟至1984年3月才初具作战能力。总研制费用14.3亿美元，1982年每枚导弹的价格为127万美元。计划装备的主要舰艇是"洛杉矶"级攻击型核潜艇、"斯普鲁恩斯"级导弹驱逐舰和"衣阿华"级战列舰。

BGM-109B"反舰战斧"导弹

作为美国的第二种实用型反舰导弹，BGM-109B和BGM-109A的外形尺寸、重量基本相同，实际上是由BGM-109A的弹体与"鱼叉"导弹的制导部件组合而成

的，是一种亚音速、远程、掠海飞行的重型反舰导弹。由于采用模式化设计，其弹体外形尺寸、重量、发射平台、助推器等均和BGM-109A完全兼容，助推器则采用固体助推火箭。制导系统与"鱼叉"反舰导弹的制导系统相似，但由于"超视距的射程"，中段制导采用捷联式惯性制导系统，由三个速率陀螺和一个加速度陀螺组成姿态参考系统，由计算机自动驾驶仪控制导弹飞行姿态，以AN/AND-194型高度表控制飞行高度，末段制导采用PR-53/PSQ-28主动雷达导引头，以探测、捕获和打击从护卫舰到昂贵的航空母舰等各种目标。

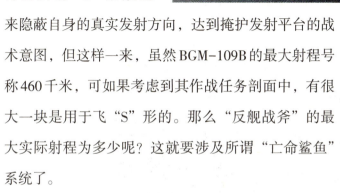

飞行中的BGM－109B "反舰战斧"导弹

战斗部采用"小斗犬B"半穿甲战斗部，重454千克。值得注意的是，这种导弹的技术特色在于可利用掠海飞行的所谓"S"形航迹来隐蔽自身的真实发射方向，达到掩护发射平台的战术意图，但这样一来，虽然BGM-109B的最大射程号称460千米，可如果考虑到其作战任务剖面中，有很大一块是用于飞"S"形的。那么"反舰战斧"的最大实际射程为多少呢？这就要涉及所谓"亡命鲨鱼"系统了。

"亡命鲨鱼"系统是洛马公司开发的一套将区域

内搜索雷达、警戒设备、数据处理和显示设备等多渠道信息进行整合的系统。这些信息整合之后，将会获得一些可能打击目标的相应参数，并通过USQ-81数据链系统转发给节点平台（未必是发射平台）引导反舰战斧。在"亡命鲨鱼"系统中，E2C舰载预警机可以提供的最大海面目标信号为370千米，直升机可以提供大约250千米。这就意味着，BGM-109B最大有效射程实际上是370千米左右。

包括研制试验用弹在内，BGM-109B共生产了577枚。后来还一度计划对BGM－109B的制导系统进行升级，成为一款新型的"反舰战斧"导弹，也就是后来的BGM－109E。但计划进行不久就被撤销。此后不久，由于"冷战"的结束，强大的红海军舰从世界主要大洋上销声匿迹，美国海军认为"反舰战斧"的假想敌已经消失，而维持这种超远程反舰导弹又过于昂贵，所以不但没有对BGM-109B进行升级，而且新型的BGM-109E的研制计划也被取消。

后来到了1994年4月，

2015 年 ，BGM- 109 Block 4"战术战斧"击中海上移动靶标的镜头

已经列装的BGM-109B也开始从舰艇上撤装。至此，"反舰战斧"成为一朵短暂的"昙花"，成为一个传说。但需要提及的是，目前的BGM-109 Block 4 "战术战斧"却同样具备一定的反舰能力。

事实上，仅就"战术战斧"的反舰任务能力而言，该计划的最终目标是开发一种既能打击远距离（1600千米）海上目标，又能打击沿海地区机动目标的低成本多用途导弹系统。装备新型导引头的"战斧"导弹不仅能够打击敌人远洋作战舰队中的高价值目标，而且还能在高度杂波干扰的沿海环境中识别敌方战舰、己方舰船和中立舰船。在2009年的一次测试中，美国海军驱逐舰发射的一枚Block 4型"战术战斧"，在F/A-18E/F "超级大黄蜂"舰载战斗机的引导下成功击中了一个海上移动目标。

2.4 "飞鱼"——法国反舰导弹的名片

提到"飞鱼"反舰导弹，总会让人想起1982年的英阿马岛战争。阿根廷海军"超级军旗"攻击机传奇性地使用法国制造的"飞鱼"反舰导弹，接连击沉了英国海军的"谢菲尔德"号驱逐舰和"大西洋运输者"号运输船。"飞鱼"反舰导弹由此一战成名，"飞鱼"反舰导弹也因此被看作马岛战争的代言词。

受1967年10月第三次中东战争中埃及用苏制"冥河"导弹击沉以色列的"埃拉特"号驱逐舰的影响，法国迅速制定了反舰导弹的研制计划，也就是大名鼎鼎的"飞鱼"反舰导弹。基本型MM38"飞鱼"反舰导弹于1967年开始研制，并在1971年开始批量生产，1972年开始装备部队。至1986年停产时，共生产了1200余枚。可以说，"飞鱼"是当时西方国家最先进的反舰导弹之一。

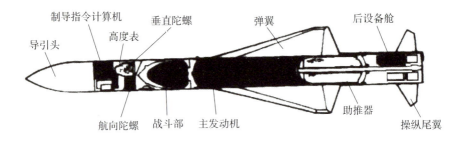

制导指令计算机　垂直陀螺　　弹翼　　　后设备舱
导引头　　　高度表
航向陀螺　战斗部　主发动机　　　助推器　　操纵尾翼

"飞鱼"反舰导弹的结构示意图

迄今为止，法国已经向全世界35个国家和地区销售了大约3500枚各种型号的"飞鱼"反舰导弹。"飞鱼"已成为世界上最成功的反舰导弹之一，而且是能与美国"鱼叉"导弹相媲美的反舰导弹。2009年，被誉为第三代"飞鱼"的MM40 Block3型反舰导弹在法国"福尔宾"级驱逐舰上成功完成首次试射，第一批外销型MM40 Block3反舰导弹也在同年开始交付。与此同时，法国海军开始升级库存MM40 Block2"飞鱼"的工作，为"梭鱼"级新一代核潜艇提供SM39"飞鱼"改进型号的合同也同时开始。

MM38"飞鱼"是一种能以高亚音速飞行的中近程反舰导弹，可装备各种水面舰艇和地面车辆，既能用作舰对舰导弹，又可用作岸对舰导弹。"飞鱼"反舰导弹可攻击大中型水面舰艇，也可攻击小型快艇。由于该导弹采用十字形配置的弹翼和尾翼，以及两级固体火箭发动机推进和较轻的半穿甲爆破型战斗部，因而导弹的尺寸和重量比以往同类射程的导弹小得多。这种小型化的反舰导弹能使单舰装弹的数量增加，可大幅度增强单舰的打击火力。

MM38"飞鱼"导弹为"发射后不管"和超低空掠海飞行反舰导弹，采用常规形状弹体，圆形弹头，射程42千米。掠海巡航飞行高度可降到15米。该导弹的第一飞行阶段采用惯性平台自导，飞行末段两次降高，当飞至离目标12千米时导弹飞行高度降到8米，飞到离目标5千米时其高度降到4.5～2.5米（视海况而定）。这种掠海飞行弹道能使导弹在较长时间一直在敌舰雷达看不到的空间飞行，从而大大提高了导弹的突防能力。

MM38"飞鱼"采用了半穿甲爆破型战斗部，使用碰炸或近炸引信。利用导弹的飞行速度可使导弹的战斗部穿过舰艇的甲板，穿入舰内后爆炸，从而能更有效地释放战斗部的爆破能量。这样使"飞鱼"导弹所携带的较小的战斗部能够达到与"冥河"导弹战斗部相当的杀伤威力（MM38"飞鱼"的战斗部重165千克，而"冥河"为510千克），并为导弹的小型化提供了决定性的条件。

MM38"飞鱼"有±30°的发射扇面，只要目标出现在扇面内就可以发射。发射后导弹自动转向目标飞行。与当时苏联的有些反舰导弹相比，具备这种发射扇面的"飞鱼"反舰导弹是有一定优势的。"飞鱼"导弹采用轻合金密封的储存一体发射箱，该发射箱既是装弹箱又是储存箱，而且还是运输箱。这又为"飞鱼"导弹创造了优越的环境条件，提高了导弹的可靠性。

MM38"飞鱼"导弹服役后的70年代，许多国家都在发展更远射程的反舰导弹，对现有导弹加以改进是既经济且研制期又短的发展途径。法国宇航公司也决定在MM38"飞鱼"的

正在发射的MM40"飞鱼"反舰导弹

基础上发展超视距作战的MM40"飞鱼"导弹。

1981年，MM40 Block1型"飞鱼"反舰导弹开始服役。该弹具有小型化、全天候作战、"发射后不管"、初始段高点低的特点和良好的掠海飞行能力，采用半穿甲爆破型战斗部。其外形虽与MM38相似，但却使用了更加先进的两级固体火箭发动机，固体推进剂的比冲更高，并增加了主发动机的装量，从而使射程提高到70千米。由于研制了一套直升机装载的目标探测设备，直升机能飞到发射舰前方的一定高度上探测目标，然后将测得的目标数据转发给发射舰，这样使MM40具备了超视距作战能力。

MM40 Block1"飞鱼"采用了数字计算机及高度控制系统，巡航段和攻击段的飞行高度与MM38大致相同。不过，MM40 Block1导弹的扇面射角由MM38的±30°增加到±90°。这样，如果舰的两侧都装有发射管，不管目标出现在什么方位都可及时发射导弹实施攻击。MM40 Block1导弹用折叠式弹翼代替了MM38导弹上的固定式弹翼，可以装入玻璃纤维圆柱形储运轻型发射箱。这样就减小了导弹的外廓尺寸，使得小型舰只可以装备此型导弹，也易于舰只的海上操作，提高舰上的载弹量，从而提高作战的火力。发射箱可单独以双联装、三联装、四联装、六联装的形式安装在已有的MM38发射架的底盘上。与弹翼未折叠的MM38相比，过去装1枚导弹的空间，现可装4枚导弹，减少了甲板下设备的重量和体积，安装程序也大大简化。

1985年开始服役的MM40 Block2型"飞鱼"又进一步提高了反应速度，改进了突防能力和目标选择能力，导弹射程提高到75千米。新型的导弹计算机使MM40 Block2导弹具有了在末段不规则飞行以实现迷惑敌方和规避拦截的能力，其采用的"超级ADAC"J波段主动式雷达寻的头提高了目标分辨能力和电子对抗能力。该型寻的头具有极强的目标分辨能力，它不像其他寻的头那样简单地锁定首先见到的目标，而是在进行全面的搜索后综合利用距离和方位参数、雷达值以及屏蔽功能辨别目标。MM40 Block2使用自适应调频连续波雷达测高仪，优化了导弹的掠海飞行剖面，使最高承受海况达到7级。

1995年，在MM40 Block2型的基础上升级电子设备和寻的头后，又诞生了MM40 Block2 Mod1型"飞鱼"反舰导弹。

除舰对舰型导弹外，"飞鱼"家族还先后发展了空对舰导弹和潜对舰导弹等多种型号的反舰导弹。

法国于1972年在MM38基础上开始研制AM39"飞鱼"空对舰导弹。1977年夏季，法国成功地进行了6枚全制导飞行试验，并于1978年完成定型试验。1980年，AM39"飞鱼"空对舰导弹加入法国海军。

AM39"飞鱼"空对舰导弹继承了MM38"飞鱼"舰对舰导弹所具有的小型化、掠海飞行、扇面发射、精度高等技术特点。该导弹还采用了"一弹多用"的设计原则，它不但适于装备多种固定翼飞机，也适于装备大中型直升机，主要攻击大中型水面舰艇，也具有攻击快艇的能力。其弹体呈圆柱形，4个弹翼和尾翼呈双"X"形配置气动布局。导弹由导引头、制导设备、战斗部、主发动机、助推器、后设备舱组成。该导弹保留了MM38"飞鱼"的固体火箭发动机，装有紧密型双混合燃料药柱，发动机总重为170千克，有一长喷管和尾喷管连接，工作时间为150秒。该导弹战斗部为344毫米GP3A半穿甲爆破弹头，同时兼有破片杀伤能力，战斗部约重165千克，外形似炮弹状，侧壁厚度为20毫米。战斗部有机械、惯性和气压三级保险。弹体后设备舱装有自毁装置。该导弹用"惯性+主动雷达导引头"制导系统。导弹在自控段采用惯性导航，在自导段采用主动雷达导引头实施末段制导。AM39导弹进一步提高了可靠性，达到了在海上120天或库存一年不需维修的水平。

在1982年5月4日，阿根廷两架法制"超级军旗"攻击机在距离英国舰

队20千米远的地方，发射了两枚空射型的AM39"飞鱼"，这两枚飞弹在靠近舰队10千米处启动雷达搜寻，锁定了"谢菲尔德"号。其中一枚没有击中目标，另一枚则击中"谢菲尔德"号舰身中

法制"超级军旗"攻击机携带的AM39"飞鱼"反舰导弹

央、离水线仅有1.8米高的位置，直接射入该舰的电子火控室。虽然该枚"飞鱼"导弹本身并没有引爆成功，但飞弹所携带的固态燃料却引发大火。"谢菲尔德"号中弹八小时后，船员被迫放弃该舰，几日后沉没。"谢菲尔德"号是英国自第二次世界大战之后第一艘被击沉的战舰。

潜射型SM39"飞鱼"采用了与其他"飞鱼"相同的设计，各部件在技术上也十分相近。SM39可从

被AM39"飞鱼"反舰导弹命中的"谢菲尔德"号导弹驱逐舰

潜艇的鱼雷管中发射，由自航式导弹箱装载，可在上升至水面之前向远离潜艇的位置机动，以免暴露潜艇的位置。在到达水面后，导弹与自航式导弹箱（VSM）脱离，并以掠海飞行的方式飞向目标，导弹在

飞行中先使用惯导，而后由主动寻的头进行末段制导。该弹是一种全天候、可掠海飞行和固体燃料推进的近程亚音速潜射反舰导弹，射程50千米，潜艇可在敌方雷达及武器射程之外进行攻击。SM39导弹发射不受潜艇下潜深度、航向及航速的限制。当一枚导弹发射后，潜艇可以处理其他目标或对同一目标发射第2枚导弹。

与MM40"飞鱼"反舰导弹相同，AM39和SM39后来也增加了升级型号AM39 Block2和SM39 Block2，在导弹性能上的改进也基本相同。

尽管自MM38"飞鱼"诞生以来一改再改，但其射程在最近二十几年的时间里一直没有大的飞跃。然而，随着美国"鱼叉"Block2、瑞典RBS 15 MK3等新一代反舰导弹在出口市场上的冲击，法国MBDA集团不得不重新审视"飞鱼"导弹的未来发展。

2000年，MBDA集团与法国海军和法国国防采办局迅速成立了项目组，对市场需求进行重新审查，开始制订"飞鱼"导弹的未来发展规划，力求根治MM40 Block2在射程上的硬伤。与此同

2001年，SM39 Block2导弹的生产线曾一度被关闭。但从2007年开始，随着印度、马来西亚、智利等国从法国订购了总计10艘的"鲉鱼"级柴电潜艇，这条导弹生产线得以重新启动。

潜射型的"飞鱼"反舰导弹

智利海军长久以来一直是"飞鱼"导弹最重要的客户之一，1999年智利海军在其"三叉戟"新一代护卫舰反舰武器系统的招标中，明确提出了"射程120~150千米"的指标要求，"飞鱼"以其75千米的极限射程被无情地排除在外。无独有偶，"飞鱼"的另外一个主要市场——中东地区，也在呼唤射程更远，并且能够在近海地区打击特定目标的反舰武器。凡此种种，令MBDA集团如坐针毡。

时，还要保持新"飞鱼"导弹与原有型号的通用性，以降低成本和研制风险。

2002年，MBDA集团最终确定发展射程更远、适应近海作战要求的新"飞鱼"，最初命名为"涡轮飞鱼"，后定名为MM40 Block3"飞鱼"，其开发工作于2002年10月正式启动。

MM40 Block3导弹的性能比以往的型号有了很大改进，包括换装涡轮喷气推进系统，改进惯性导航系统，增加可依靠GPS坐标对固定目标实施打击的能力、更高的目标可选性以及新的发射和任务规划体系。MM40 Block3将"飞鱼"导弹的最大射程提高到原来的2倍多，飞行轨迹更加复杂，并且具备打击岸上固定目标的能力。

为了降低成本，MBDA集团将MM40 Block2的许多子系统，如寻的头和战斗部等直接移植到新"飞鱼"中，而对导航、制导和控制系统的升级也直接借鉴了已有技术成果和对陆攻击巡航导弹的研制经验。其新型TRI-40涡轮喷气发动机，也已在MBDA集团与康斯堡合作的"海军打击导弹"中得到过验证。

MM40 Block3"飞鱼"引入涡轮喷气发动机和固体火箭巡航发动机，是其相对于早期"飞鱼"最具革命性的变化。TRI-40发动机将新"飞鱼"的射程扩展至180千米，并使其具有了在发射后改变发动机推力和飞行速度的新能力。相比于MM40 Block1和Block2的导弹发动机，TRI-40拥有不需要润滑、消耗燃料少和红外信号特征低等诸多优势。涡轮喷气发动机带来的变革也表现在导弹能量的供应上，MM40 Block1和Block2均采用两组电池，一组为导弹辅助设备和传动装置供电，另一组用于满足寻的头的用电要求；而涡轮喷气发动机可以同时为传动装置、寻的头和辅助设备提供电力供应，因此只需要一组电池。

MM40 Block3导弹保留了Block2的战斗部和主动式雷达寻的头，再配合 GPS/"伽利略"接收器后，使导弹可实现复杂的三维轨迹飞行，横向和纵向可分别设置 10 个路径点。对 MM40 Block3 导弹的飞行时间和管理能力有所改进，进一步提高了导弹对目标实施齐射火力打击的能力。MM40 Block3 继承了 Block2 优秀的末段机动性能。与其他反舰导弹的"蛇"形机动或者跃升式机动不同，MM40 Block3 采用随机螺旋形机动方式，能更加有效地扰乱敌方武器火控系统的判断。

值得称道的是，MM40 Block3 具有与 Block2 型导弹很高的通用性。它们使用相同的 MM40 发射箱、操作设备和后勤保障，电子设备的升级可独立进行，并能通过加装或换装组件来实现。MM40 Block3 具有与 Block1 和 Block2 型的向下兼容性，可以实现不同型号"飞鱼"导弹的混合装载，提高了武器使用的灵活性。该系统通过标准的多功能控制台控制导弹交战计划，并与舰艇的战斗管理系统相联。

2006 年 9 月，MM40 Block3"飞鱼"导弹进行了首次认证点火测试。导弹在飞过 160 千米的距离后，以典型的攻击方式命中了试验目标。

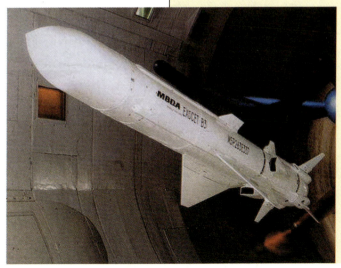

正在进行风洞试验的最新型 MM40 Block3"飞鱼"反舰导弹

导弹试验的测试共用时9分钟，导弹在发射后与助推段分离并点燃涡轮喷气发动机，而后完成了在数个路点上的转向和高度调整，在末段迅速降至掠海飞行高度并执行了一系列预先设计的机动动作后，成功命中目标。MM40 Block3的第二次认证试验于2007年4月25日进行。法国对Block3导弹利用GPS实施目标打击的能力进行了验证，导弹在完成末段飞行校正后，成功命中了漂浮在海上的目标。

2007年6月14日，一架"阵风"F3战斗机从法国"戴高乐"号航母上起飞后，从27000英尺（约8229米）高空发射了AM39 Block2 Mod2导弹，经过3分钟的俯冲、掠海飞行和末段规避机动后，导弹成功地命中了预定目标。AM39 Block2 Mod2保留了固体火箭推进系统，没有加装GPS接收器，但在电子设备上达到了MM40 Block3的标准。因此，MBDA集团在导弹的命名上使用了不同的规则予以区别。在这一点上，新的潜射型"飞鱼"采用了同样的策略，被定名为SM39 Block2 Mod2。

当全世界都在翘首期盼第三代"飞鱼"的表现时，MBDA集团已在谋划未来"飞鱼"的发展。法国国防采办局与MBDA近期联合开展了关于改进MM40 Block3"飞鱼"导弹方案的研究，主要集中在研制新型寻的头和数据链两个方面。预计新型的"飞鱼"反舰导弹将在2020年前后装备法国海空军部队。由此可见，"飞鱼"的未来值得期待，"飞鱼"的传奇仍将延续。

2.5 瑞典——欧洲反舰导弹的"先行者"

欧洲国家可以说是反舰导弹研制的先行者，继纳粹德国在"二战"后期率先应用早期反舰导弹后，瑞典成为"二战"后反舰导弹先行者集团中的"领头羊"。在旁观了纳粹德国反舰导弹的应用后，瑞典海军与苏联海军都认识到反舰导弹是抵消海上优势的有效措施，瑞典早在1946年就开始在仿制德国V1巡航导弹的基础上开发了"罗伯特"310（RB310）型反舰导弹。

"罗伯特"310的技术设计和成品比较简陋，并没有达到实用装备的标准，只是作为靶弹进行过有限使用。但通过对这个型号研制所积累的经验，瑞典的国家工业系统建立了反舰导弹的基本研制体系。瑞典在1949年以RB310为基础，开始研制舰射RB315反舰导弹和机载RB304反舰导弹，并在气动设计上开始应用鸭式布局的翼面形式。

RB315/304采用了鸭式布局的整体设计，弹体由带收敛的圆柱形弹身和卵形头部组成，整个弹体分为三个舱段，前鸭翼为后掠三角翼的十字形控制翼面，弹体中后段有非常长的水平翼面，水平稳定翼后安装有副翼，翼端安装有垂直安定面。弹体长度为4.45米，弹径0.5米，翼展1.97米，采用固体火箭发动机为动力，重600千克，带触发／近炸引信的战斗部重300千克。导弹采用主动雷达制导，后期型雷达具备主／被动复合制导能力，具备0.95马赫飞行速度和末段掠海突防能力，不同型号的有效射程可达20～32千米。RB315/304导弹尺寸小，威力大，突防能力强，舰射型可装备驱逐舰和导弹艇，机载型则主要装备A32和AJ37战斗轰炸机，其综合性能（除射程外）超过了苏联同期的"冥河"导弹（SS-N-2）。

瑞典第一代反舰导弹——RB304反舰导弹

瑞典特殊的地理环境和海域情况，使其研制反舰导弹时面对的问题也很特殊。瑞典海军主要在波罗的海半封闭海域作战，平时的主要威胁是华约、北约双方舰艇的活动，战时则以苏联海军作为主要敌人。波罗的海海域面积有限，水浅，气候复杂，岛屿众多，水面舰艇作战时所受的限制非常明显。正如瑞典海军始终将反潜深弹作为主要反潜武器一样，其反舰导弹的技术要求也与其他国家同类产品有很大的不同。瑞典国土扼制着波罗的海出海口，依靠中等射程的反舰导弹，就很容易封锁连通大洋的整个海峡。

为了强化战术的灵活性和隐蔽性，瑞典海军重点装备了中型作战快艇，舰桥和桅杆的高度都不高，单舰对海域搜索范围也不大。在对海作战中，瑞典海军依托地／空基侦察平台提供目标信息，在近海岛屿的地形隐蔽下分散部署攻击快艇，在较大距离上对目标进行导弹攻击，并依托沿海岛屿背景干扰敌方的对海侦察。

瑞典海军的战术体系对反舰导弹的射程要求较大，因此他们很早就重视喷气发动机对导弹射程的增大作用。同时，出于在岛屿隐蔽阵地的作战需求，瑞典舰射反舰导弹很早就有航路规划的意图，争取利用岛屿对发射平台的遮蔽作用，在载弹平台不与目标构成雷达接触的情况下，让发射后的导弹主动绕过岛屿去攻击目标，而其他国家反舰导弹很晚才开始应用这种战术。

通过对多个型号反舰导弹的研制，瑞典国防系统构建了独特的反舰导弹发展思想。当瑞典海军在1958年确立新的装备发展目标，即建立以小型战舰为核心的海军装备体系后，其反舰导弹的重要性开始得到进一步强化。瑞典无法依靠引进先进反舰导弹来满足需要，其国防政策也不允许过于靠近东西哪一方，因而主要采用国内研制的装备满足作战需求，只是导引头、发动机等暂时无法满足需要的关键成品可以引进。瑞典国防部于1979年提出替代RB304的新型反舰导弹要求，主要目的是用更强大的武器对抗华约海军力量的增长。项目开始时虽然考虑过引进西方反舰导弹，但由于存在很多经济、政治和技术问题。瑞典国防部遂放弃从国外引进的意图，开始利用RB304的技术基础研制新型通用反舰导弹，这个型号就是现在的RBS15。RBS15采用与RB315/304类似的鸭式布局和弹体规格，舰载和机载型号与之前的装备也有延续性，舰载型RBS15计划作为新型导弹艇的主战装备，机载型则用来替代AJ37战斗机使用的RB304反舰导弹。

AJ37战斗机

RBS15的研制要求一开始就比较明确。首先是必须能够适应多种平台，可以根据需要发展出舰、地和空射型；具备较强的抗干扰和突防能力，生存能力和毁伤效能较高；战斗部威力可以毁伤巡洋舰、驱逐舰和大型货船，单发即可击沉或重创目标，并有能力攻击沿岸甚至是岛屿上的目标；服役全寿命的维护成本低，维护工作量小，可以适应瑞典本土冬季的严酷气候条件。

RBS15反舰导弹

RBS15早在1977年即开始项目论证，1979年正式开始研制，其外形有瑞典反舰导弹的典型特征，粗粗胖胖的流线型弹体和前置可控鸭式布局，采用喷气动力和火箭助推的组合动力，技术指标虽然没有特殊之处，但却非常适合瑞典军方的使用要求。北欧高寒地区的战场环境比较恶劣，制导武器的电子元件和成品工作环境复杂，维护难度大，如果不在设计阶段进行必要的准备，想要适应野外部署发射难度很高。根据设计要求，RBS15采用单脉冲主动雷达导引头，具备±90°的发射后转弯能力，还可以在地面纵深阵地发射。

RBS15发射后用固体火箭发动机进行直线加速爬高，发动机燃烧时间为3秒，3.5秒后火箭壳体与弹尾罩脱离，巡航涡喷发动机启动，导弹转向目标方向。RBS15可攻击目标角度接近正面整个半球，采用固定发射箱的水面舰艇／发射车发射，单个作战平台就可控制大范围海域。导弹发射后可进行近90°的转弯机动，这意味着导弹在发射时不需要指向目标，很适合设计要求的迂回航线技术要求。舰载导弹可以按照预定航线绕／穿过岛屿，岸防导弹能在地面低空持续飞行后再入海，比起只能在开阔海域使用的舰（岸）防反舰导弹，RBS15的战场隐蔽性和抗打击能力更强。正是因为RBS15必须考虑纵深发射的需要，所以需要比其他一般的反舰导弹具有更远的有效射程，因此动力系统也更适合应用喷气发动机。

RBS15采用了瑞典国防工业较熟悉，在其他国家战术导弹中应用较普遍，但却少见于反舰导弹的鸭式布局。弹体外表为拉伸曲线的流线型，卵圆形的天线罩后是三角形鸭翼，带副翼的稳定翼安装在弹体后方，稳定翼位置的弹体下方为发动机进气道，尾段为推力380千克的TRI60涡喷发动机。TRI60系列发动机的热部件采用普通不锈钢和高温合金，成本低，维护条件好，发动机推重比达到6，净重为57～66千克，正常使用寿命达到20小时。TRI60-2弹用涡喷发动机由法国生产，具有技术成熟稳定和动力性能好的优点，已经成为多种战术导弹的动力系统。RBS15 将 TRI60-2 作为标准动力系统，机载型的 RBS15F-3 配用 TRI60-2-089，舰载型的 RBS15 MK3 则配用同系列的 TRI60-2-20／30。

RBS15 采用大分舱半模块化结构。弹体从前到后按照导引设备／前翼舱、战斗部／燃料舱和推进／弹翼舱的顺序分为三段，前两个舱段连接部上方有大型挂耳，推进舱后方有可脱离

机载型的 RBS15 反舰导弹

的尾罩段。导弹采用前置鸭式翼面布局。弹体雷达罩后的鸭翼与后段稳定翼呈"X"形和"十"字形布局，前后翼在轴线上存在45°的偏角。弹体后段翼面两侧外挂有固体火箭助推器，尾罩位置还有小尺寸上置稳定翼片（独立尾锥与助推器一起在发射后脱落），动力段下方靠前位置是发动机的固定截面进气道。导引头舱段后设置了控制前翼的舵机舱，由前翼和尾翼共同实现弹体的三轴稳定和控制，使弹体具有了非常好的姿态稳定性。较之采用常规布局的"飞鱼"反舰导弹，RBS15 的前翼可实现无滚动趋势的偏航控制，水平前翼则能与尾部"X"形翼面形成联动，改善俯仰状态时的轴线稳定性，提高导弹在掠海高度抗气流干扰的能力。

RBS15的作战任务是在100千米范围内突破舰载防御系统，用200千克的爆炸弹头毁伤目标，具备惯性加主动雷达制导的"发射后不管"的作战能力。作为欧洲较早采用喷气动力的反舰导弹，它与同样较早应用喷气动力的苏联反舰导弹不同，其尺寸和重量要小得多。

1993年服役的舰载型RBS15M，弹体长度4.35米，弹径0.5米，翼展1.4米（折叠后为0.88米），发射重量虽然只有780千克，但却拥有250千克重的半穿甲战斗部，低空有效射程70千米，直线射程可以达到100千米。RBS15性能稳定，命中率高，装备后的使用效果非常好。瑞典海军陆续装备了舰载型RBS15M、岸防型RBS15K和机载型RBS15F。除瑞典军队外，第一代RBS15还出口到芬兰和南斯拉夫。

瑞典军工系统对鸭式布局飞行器的研制较早，经验也很丰富，其RB315/304导弹的综合性能比较先进，制导体制和技术标准也达到了较高水平。RBS15的弹体规格和重量与RB315相当，很好地延续了早期型号的技术成熟性，又用高性能成品增强了射程和战术指标，既保持了导弹武器系统的生产和装备平台体系，综合性能又达到了同代反舰导弹的先进水平。

RBS15系列设计时就要求具备迂回飞行能力，可以在地面进行巡航和机动，海上飞行时可以绕过岛屿这样的障碍，在雷达导引头搜捕到目标之前，依靠惯性导航系统完成隐蔽突防。RBS15 MK3设计中进一步应用了强化突防能力的措施，可以在飞行过程中进行更大范围的航线迂回，在接近目标的末段可以实施随机的反拦截机动。

迂回航线和反拦截机动使RBS15的实际飞行距离明显超过有效射程。RBS15 MK3宣称的有效射程达到200千米，如将迂回航线和机动的燃料消耗归并统计，理论航线有效射程可能还会再增加10%左右。

RBS15的弹径虽然较大，但在折叠后部弹翼后，弹体的截面可以缩减到0.1平方米以下。RBS15采用储存／发射箱倾斜发射方式，舰载发射箱大都选择矩形箱体，虽然比"鱼叉"和MM40"飞鱼"的发射筒大，箱体的截面和长度尺寸却与"飞鱼"MM38大体相似。与中国产YJ8的发射箱相比，截面尺寸较大，长度却要小得多，更有利于小型舰甲板的安装。

RBS15的优点很明显，但其外形要比"飞鱼"这类常规布局型导弹复杂，虽然通过将固体火箭助推器并联在弹体后侧，有效地控制了总长度，但复杂的弹翼却限制了导弹的外廓尺寸。RBS15不能采用西方标准的筒式发射管，异型发射箱的尺寸明显大于导弹的弹径，虽然能满足导弹快艇甲板安装的要求，也适合机载和地面机动发射方式，但空间利用率显然不如"鱼叉"这类采用曲面折叠弹翼的筒发射型。

RBS15的气动布局和结构设计较成功，小尺寸和轻重量指标的应用效果也很好，但不规则的弹体和交错设置翼面却限制了导弹的应用范围，虽然先后开发了舰载、机载和岸防型，却没有研制出可用鱼雷管发射的潜射型，也不适合采用潜射固定筒式发射装置。相比在设计上强调潜射标准鱼雷管的"鱼叉"、"飞鱼"和中国的YJ8，RBS15难以潜射的缺陷限制了其出口。瑞典海军并不重视RBS15的潜射性能，但其他国家海军在引进反舰导弹时势必要考虑到装备的标准化和通用化，尤其是拥有常规潜艇的地区性海军更重视潜射反舰导弹的战术突然性优势。

RBS15的技战术性能都不错，但受瑞典装备传统影响，结构设计方面有较多的反传统思路，例

陆基发射的RB315反舰导弹

如采用弹侧挂载火箭助推器，两组助推器安装在弹体侧后方。RBS15采用并联助推火箭布局，最大的收益是减小了弹体的长度，发射箱虽然较宽，但长度却较短，在小型舰艇上安装时，无论采用纵向还是横向安装方式，导弹占用的甲板面积都比较小。现今各型带助推器的战术导弹中，串联火箭助推器的用途远比并联广泛，即使是采用并联的中国"海鹰"–2这类导弹，往往也只选择1枚助推火箭，尤其是新型号战术导弹，更是想方设法降低助推器的复杂性。如果选择类似"鹰击"–8的串联助推火箭，接近弹体直径的火箭发动机长度不大，重量比并联火箭助推器要低，结构复杂程度也较小。同时，因为避免了两台助推器可能存在的推力失衡，其工作可靠性和导弹发射稳定性也会更好。

2.6 美国海军防空导弹的发展

在"二战"期间，美国海军就意识到火炮在防空上的局限性。虽然当时美国海军在火炮防空上已经达到了极致，但是日本飞机依然能够突破层层的防空火力对美国海军进行打击。特别是1944年10月以后，日本加强了自杀式攻击，击沉了包括三艘护航航母在内的数十艘各型舰艇，后随着战争的进行，日本越来越频繁地使用自杀性战术。当时，美国海军认为，要想从根本上解决这个问题，只能加紧研制新型的舰载防空导弹。

在导弹的动力选择上最为成熟的是冲压发动机，这种类型的发动机构造简单，便于大规模生产并且可以有效控制成本，而且适用打击高空高速飞行器。其实早在1913年，法国人就发明了冲压发动机。20世纪二三十年代，苏联和德国都对该技术进行了研究并且取得了一些实用化成果。而美国人对此技术的研究则较晚，直到1944年，美国人才决定在新研制的防空导弹系统上采用冲压发动机。项目代号为"熊蜂"计划，这个计划的直接果实就是美国海军早期的三种射程不一的舰载防空导弹系统：RIM-8"黄铜骑士"远程舰空导弹系统（Talos）、RIM-2"小猎犬"中程舰空导弹系统（Terrier）和RIM-24"鞑靼人"近程舰空导弹系统（Tartar）。因为这三个系统的首字母都是"T"，所以又被称为"3T"舰

"黄铜骑士"舰空导弹

空导弹。需要说明的是，计划的初衷只是研制"黄铜骑士"舰空导弹，而其余两者则属于其"附属"产品。

最初，美国海军打算一心一意地研制"黄铜骑士"，可是"黄铜骑士"导弹采用较为复杂的复合制导方式，研制成功尚需时日。而在研制过程中，设计人员制造了一种超音速试验载具（STV），以评估处于超音速情况下制导系统的性能。结果这个STV表现结果令人相当满意，所以海军打算在此基础上研制一种中近程舰空导弹系统尽快服役，以免遥遥无期的"黄铜骑士"项目耽误整个海军装备导弹的时间。

新导弹被命名为"小猎犬"，"小猎犬"防空导弹的飞行试验于1951年开始。不过事实证明，就算是技术上较为简单的"小猎犬"导弹，在研发上也需要大量新技术，为此，设计人员花费了几年的时间，直到1956年，"小猎犬"导弹才装备部队。不过，相对于技术难度更高的"黄铜骑

士"导弹来说，尽管"小猎犬"研制时间更晚，但是装备时间却比"黄铜骑士"早了三年，所以"小猎犬"导弹成为美国海军装备的第一种舰载中程防空导弹系统。

早期型的"小猎犬"导弹使用乘波导引。所谓的乘波导引是指导弹沿着雷达照射的波束飞行，导弹发射之后会进入导引波束当中，如同跟随一条看不见的线路飞行，而在这个线路的末端就是飞弹要攻击的目标。"小猎犬"导弹利用弹体上的小型机翼控制飞行，最大速度可达1.8马赫，最大射程为19公里，仅能对付亚音速目标。这样的性能美国人显然是不能满意的，所以在其进入大规模服役前，后续的改进就已经展开。

"小猎犬"舰空导弹

1958年，"小猎犬"改良型RIM-2C研制成功，导弹仍旧使用乘波导引，但是大幅提升了导弹的运动性能。此外，导弹采用了新的火箭发动机，有效射程也有所增加，飞行速度提高到3马赫。随后改进的RIM-2E使用了半主动雷达导引系统，除了改善远距离上乘波导引追踪精确度不佳的问题之外，还改善了对低空目标的攻击能力。

"小猎犬"导弹的最后一种改进型是RIM-2F，改进的主要项目包括使用固态电子零件，强化抗干扰能力，换装新的火箭发动机，使得射程提高到75千米。部分RIM-2E导弹也换装到RIM-2F的标准。从最早装备防空导弹的"法拉古特"级驱逐舰开始，到"莱希"级、"贝尔纳普"级，直到后来的核动力驱逐舰上，美国海军装备的都是"小猎犬"防空导弹系统。

由于"黄铜骑士"系统总重过重，所以一般只能在万吨级以上的巡洋舰上装备，因此当时的美国海军驱逐舰装备的主要都是"小猎犬"导弹。虽然"小猎犬"导弹的性能一开始很不稳定，但是在当时也算基本够用了。"小猎犬"的全系统重量虽然已经较"黄铜骑士"导弹有了大幅下降，但是在3000吨级以下排水量的军舰上使用，依然有难度。所以，美国海军进一步对防空导弹进行轻量化研究，这就是"鞑靼人"导弹。由于有了先期研究防空导弹的经验，所以当1958年美国海军正式开始对新系统进行研究后，仅仅过了一年，"鞑靼人"系统即制造出了第一台样机。

从1959年开始，通用动力公司开始对RIM-24A"鞑靼人"导弹进行批量生产。作为"3T"兄弟中最年轻的一位，该型导弹在1962年开始正式装备，总共生产了大约2400枚。在制导方式上，相对于"小猎犬"导弹所使用的乘波制导方

从外形上来说，早期型的"小猎犬"导弹弹体中部有两对小型控制翼，比较好区分；到了后期，其中部的两对小型控制翼改成了长条状的边条翼，这样和"标准"导弹的增程型（RIM-67）在外形上就很类似了，加之两种导弹可以共用一种发射架，让它们更加以区分了。相对于"小猎犬"导弹的边条翼来说，"标准"导弹的边条翼前段较细的部分更长，且两种导弹用来控制飞行的尾翼形状也有稍许区别——从这两点上就不难辨识这两种型号的防空导弹了。

式，"鞑靼人"导弹采用了当时最先进的半主动雷达制导。该导引头来自"麻雀"中程空空导弹。相对于乘波制导来说，半主动雷达制导的优势是十分明显的，半主动雷达导引的波束更宽，更加容易将目标维持在发射的波束当中。同时，距离目标越近，半主动导引头接收到的讯号就越强，这样就不容易丢失目标。更为重要的是，采用该制导方式的全系统重量更轻，其全重不到"小猎犬"导弹的一半，更加符合美国海军对舰载防空导弹的轻量化要求。相对于一般防空导弹单纯的防空功能，"鞑靼人"导弹还有一定的反舰功能。所以说，装备该型导弹的也是最早具有导弹反舰能力的美国海军驱逐舰。

由于取消了助推器，使得整个弹体长度短了很多，所以"鞑靼人"导弹从外形上看来感觉比"小猎犬"导弹粗壮（其实两种导弹的弹径一样，都是34.29厘米），其外形特点更接近于后来的"标准"系列导弹，不过尾部的形状和"小猎犬"导弹一样。虽然"鞑靼人"导弹和"标准"导弹（RIM-66）外形上十分相似，但是两种导弹的发射装置并不能通用，这也是识别两种防空导弹最为简便有效的方法。"鞑靼人"导弹最初使用

"鞑靼人"舰空导弹

MK11双臂式发射器，以后均使用MK3和MK22单臂式发射器。在使用上，该导弹最早用于"米切尔"级驱逐领舰的导弹化改装，后来也大批装备于"谢尔曼"级驱逐舰和"亚当斯"级驱逐舰。

几乎就在"鞑靼人"导弹装备部队的同时，美国人即开始对取代"鞑靼人"和"小猎犬"导弹的新系统进行研制。由于"台风"计划的遥遥无期和研发成本的飞速增长，美国海军决定放弃"台风"系统，不过新的导弹研发并未停止。作为"台风"防空系统的廉价替代者，1963年雷锡恩公司（Raytheon）开始研制"标准"-1（RIM-66/SM-1）舰空导弹，新系统也要求使用半主动雷达制导。为了能同时取代包括"黄铜骑士"在内的所有防空导弹，新导弹还特意研发了一种加装火箭助推器的增程型即RIM-67型。

由于换装了新的火箭发动机和全新的电池驱动全固态电子元件，"标准"-1型导弹射程与"鞑靼人"导弹相比有了大幅提高，达到70千米，其射高也接近20000米，战斗能力得到了大幅提升。替代"黄铜骑士"导弹的"标准"增程型被称为RIM-67。和RIM-66型相

"标准"-1型舰空导弹

比，增程型增加了一段火箭助推器，外形上类似于后期的"小猎犬"防空导弹，其最大射程达到了85千米，射高达到了24000米。和"鞑靼人"导弹一样，"标准"–1型导弹也有一定的反舰能力并且取得过战果。1988年4月18日，在海湾地区进行的"螳螂行动"中，美国"佩里"级护卫舰"辛普森"号发射了四枚增程型的RIM-67型导弹，"提康德罗加"级"温莱特"号导弹巡洋舰发射了两枚RIM-66导弹，击沉一艘伊朗"卡门"级大型导弹艇"乔森"号。

就在"标准"–1型服役的同时，美国海军开始了对"标准"–2导弹的研究。除了外形相似外，两种导弹的性能和用途是截然不同的。而这样的发展模式和"3T"导弹很像，利用一种平台，整合不同的技术，发展出适合各种用途的防空导弹，这样的研发模式可以节省不少时间。"标准"–2的发展可以说是和"宙斯盾"系统的发展密不可分的。由于重起炉灶的技术风险太大，而且时间和成本都无法接受，美国海军决定在"标准"–1导弹的基础上发展"标准"–2导弹。

为了提供多目标打击能力，新导弹首先更换的就是雷达的制导系统，将原来的半主动雷达制导改为了主动雷达

美国的"标准"系列都是舰基发射，舰艇防空为主的舰空导弹

"标准"–2型舰空导弹

制导。和半主动雷达制导相比，两者之间最大的不同点在于，半主动雷达制导的雷达讯号是由发射导弹的载具（譬如飞机或者船舰）负责提供的；而主动雷达制导则是由导弹本身携带发射讯号的雷达，不需要依靠其他的载具协助。其最大优点就是让发射载具摆脱了半主动雷达导引并且必须由发射载具提供讯号的缺点，使其在同一时间内可以接战的目标数目增加，或者使发射载具可以展开回避的动作。

"标准"-2导弹采用了惯性制导或指令中程修正加主动雷达自动寻的制导的复合制导体制，它可以由MK41垂直发射系统或MK26型导弹发射架发射。在飞向目标途中，由火控系统向导弹发送目标修正指令，或通过其他"宙斯盾"舰上的指令制导上传数据链向导弹发送目标指令。所以说，虽然"斯普鲁恩斯"级驱逐舰并没有"标准"-2导弹的火控雷达，但是只要舰队里有"宙斯盾"系统的军舰提供制导，"斯普鲁恩斯"级驱逐舰就可以使用"标准"-2导弹。此外，"标准"-2导弹采用了先进的单脉冲导引头和数字计算机控制，提高了射程和精度等。美国海军先后装备的系列有Block I、Block II、Block III，Block IIIA，Block IIIB以及Block IV增程型（ER）。加装了助推器的增程型，射程达到了185千米。

为了让军舰具有一定的反弹道导弹的能力，美国海军在"标准"-2 Block IV增程型的基础上，继续发展出了"标准"-3（RIM-161）型防空导弹。"标准"-3型在增程型的基础上再加装一级助推火箭，射程超过了500千米。除了防空性能的提升以外，美国海军还在"标准"-2的基础上开发了专门用来对地攻击的"标准"-4型导弹，该型导弹射程在200千米上下，用以弥补"战斧"巡航导弹和舰炮之间的火力空白。

"标准"导弹系列中最为先进的是用来替代"标准"-2型的"标准"-6型导弹。"标准"-6导弹射高为30000米。与传统防空导弹所常用的破片杀伤和连续杆式战斗部不同，"标准"-6使用动能战斗部，对拦截目标实施直接碰撞杀伤，这样的杀伤方式对导弹的精度提出了新的要求，被称为"史上最先进舰空导弹"。

2010年7月，美国海军授予雷声公司一份价值3.68亿美元的可修改合同，要求其在三年内为"标准"-6导弹提供低速率初始生产。雷声公司于2011年初交付第一批导弹。2014年6月末公开的海上测试中，美国海军和承包商合作的"标准"-6舰空导弹成功进行了海上拦截试验。为了完成该导弹的远程任务，美国海军借助海军一体化防空火控（NIFC-CA）系统，如海军E-2D先进鹰眼来实现超视距目标定位。

这次试验要求"标准"-6导弹可以打击400千米外的目标。国际海军武器专家认为，"标准"-6导弹在防空方面可以部分取代"标准"-2，在反导方面可以补充"标准"-3，真可谓是一款当今世界上不可多得的多用途增程防空导弹，预示着"标准"导弹"转防御为进攻"的时代已经到来。

正如"标准"-6项目负责人在第五次实弹制导飞行试验后所言，"试验证明，'标准'-6是'标准'家族中的一个革命性型号，为'标准'导弹的发展揭开了新的一页；它具有超视距、跨海跨陆攻击巡航导弹的能力，同时又保留了对付海

"标准"-3型舰空导弹

上空中威胁的能力；它可以充分利用舰基、空基、海基以及陆基传感器获得的目标信息，可以和MK41垂直发射系统完全兼容；它可为现有的'宙斯盾'舰、未来的'朱姆沃尔特'级驱逐舰以及CG（X）巡洋舰提供前所未有的强大作战能力"。

由此可以看出，美国海军防空导弹经过60多年的发展，其导弹型号并不算多，但是在每一个主要型号上都能演变出很多型号。以初期的"小猎犬"导弹为例，其主要型号共有六种，从外形到制导方式都有很大的差异。虽然1966年生产线就已经关闭了，但是直到研制"标准"-6的时候，美国海军依然使用"小猎犬"导弹作为载体进行试验。而"标准"系列导弹家族则更为庞大，家族成员从功能上有防空导弹、反辐射导弹和对地打击导弹，等等。严格说来，美国海军在舰空导弹的研发上都想推倒重来搞一种全新的导弹，但是技术成本和研发时间上的不可控使美国海军慢慢放弃了这种研发思路。到了"标准"系列舰空导弹的改进上，美国海军干脆坚持一弹多型、一弹多能的设计思想，从而取得了很好的效果。其"标准"舰空导弹各系列，目前生产已经超过了2万多枚，同时外销多个国家，是世界上生产数量最多的舰载防空导弹。

"标准"-4型舰空导弹

2.7 "密切衔接"的苏/俄海上防空体系

1967年中东战争中，苏制"冥河"反舰导弹击沉了以色列海军"埃垃特"号驱逐舰，才让西方国家加快了发展反舰导弹的步伐。1979年，美国海空军多平台通用的RGM/AGM/JGM-84"鱼叉"反舰导弹开始服役，而在此11年前，法国人就已经公开了其杰作MM38"飞鱼"导弹。

"鱼叉"和"飞鱼"都采用高亚音速掠海飞行的攻击方式，目标舰艇本身的探测系统由于受地球曲率的限制，只能够发现在水天线上露头的反舰导弹，而此时留给舰艇防空系统的反应时间已非常有限了。而苏联／俄罗斯海军获得独立的空中预警能力，已经是1995年定型的卡-31预警直升机服役后了。更可怕的是，当时北约的反舰导弹比苏式反舰导弹轻巧得多，适装性很好，飞机和舰艇均可大量携带并发起铺天盖地的攻击，而苏军老式防空导弹系统有限的火力通道显然无法应付这种情况，这就是所谓的"鱼叉危机"。因此，苏联海军必须发展出对超低空小目标探测能力更强的雷达系统和一系列兼顾拦截掠海导弹和打击各类飞机的新一代防空导弹系统。

1977年，隶属于黑海舰队的1134B型大型反潜舰"亚佐夫"号开始接受改装，后部M-11舰空导弹系统被一种使用新型火控雷达和垂直发射装置的防空导弹系统所替代，该舰改称为1134 BF型，用于测试这种新型防空导弹系统。数年后，这种新的防空导弹系统正式装备在1144型重型核动力导弹巡洋舰和1164型导弹巡洋舰上，该系统就是日后闻名遐迩的S-300F"堡垒"舰载远程防空导弹系统，北约代号SA-N-6"雷鸣"。

苏联武器换代的思想强调装备的技术及架构的延续性，装备的架构要有相似性，这样能使官兵尽快熟悉新装备以迅速形成战斗力。SA-N-6

M-11舰空导弹

"雷鸣"最开始使用的5B55型导弹，和其替代对象S-25、S-75、S-200系统中的导弹一样，采用了无线电指令制导。无线电指令制导的固有缺陷使5B55导弹的射程被限制在47千米，这显然无法满足苏联海军的技术指标要求。因此，于1982年换装的全新5B55P型导弹，沿用了5B55的气动布局、火箭发动机和战斗部，但是制导方式革命性地改为了TVM制导。SA-N-6"雷鸣"系统最终达到了预期的技战术要求，于1984年正式服役。

所谓TVM（Track Via Missile，意译为指令—寻的）制导，实际上算是传统的无线电指令制导和半主动雷达寻的制导的结合。制导原理

垂直发射的SA-N-6"雷鸣"舰空导弹

和半主动雷达制导有一定的相似性，都是由照射雷达向目标发射雷达波。两者的主要区别是，TVM制导的导弹在接收到雷达反射波并完成目标测向以后，会通过无线数据链将测量数据传回地面站处理，形成无线电指令回传控制导弹，而半主动雷达制导的导弹则是将数据直接传入弹载计算机，由弹载计算机的飞控程序形成指令控制导弹飞行。

TVM制导看起来是舍近求远，但是这种制导方式实际上综合了无线电指令制导和半主动雷达制导两者的优点。相对于无线电指令制导，TVM和半主动雷达制导类似，只需要照射雷达就可以让导弹跟踪目标，因此地面设备比无线电指令制导精炼，导弹射程也不再受火控雷达对目标测量的方位角误差的影响而能够拓展到更远；而和半主动雷达制导相比，TVM制导因为是通过无线电指令来控制导弹的飞行，对雷达照射的要求明显宽于半主动雷达制导，当雷达静默或者照射波束转向不照射（这两种情况在电子对抗中很容易出现）时，导弹不会因为接收不到目标反射的雷达波而变成"无控火箭"。因为TVM制导不需要导弹本身解算雷达信号和形成飞控指令，所以弹载电子设备可以大幅度缩减，使导弹成本降低、可靠性提高，这也符合舰载防空导弹是消耗品这一特点。美国的"爱国者-1/2"防空导弹系统也采用了TVM体制。

SA-N-6"雷鸣"舰载防空导弹系统的3P41火控雷达的天线采用相控阵机制，能够很容易地实现分时分波束照射。因此，1套系统能够在120°的扇区内同时引导12枚导弹攻击6个目标，最大制导距离近100千米，1144型重型核动力导弹巡洋舰的2套SA-N-6"雷鸣"系统最多同时接战12个目标。而上一代M-11防空导弹系统每部火控雷达只能制导2枚导弹攻击1～2个目标，全舰2套M-11防空导弹系统只能同时接战2～4个目标。在"宙斯盾"系统出现之前，欧美舰载防空导弹系统的多目标战能力根本不能与SA-N-6"雷鸣"系统相比。

SA-N-6"雷鸣"是世界上第一种采用垂直发射装置的舰载防空导弹系统，比西方国家海军普遍采用的MK41垂直发射系统早出现了整整6年。而且和西方国家海军普遍采用的导弹在发射装置里面点火的热发射方式不同，SA-N-6"雷鸣"采用与陆基S-300F相同的冷发射方式。这种发射方式通过火药气体带动导弹储运筒里面的拉杆，将导弹弹射出发射装置后导弹再点火。这种发射方式不需要安装结构复杂的燃气排放通道和隔热装置，也能够避免导弹点火失败或者点火卡死以后，故障导弹无法通过自身动力射出的危险情况，从而提高了发射装置本身的安全性。

SA-N-6"雷鸣"垂直发射系统内部结构

导弹采用垂直发射的优点显而易见，如结构简单、重心低、反应速度快、无须对准目标方向即可发射等。但是用今天的眼光看，SA-N-6采用的B-203型垂直发射装置技术并不高明。它采用了类似左轮手枪的结构，弹舱位于甲板下，每一组携带8枚导弹的环形弹鼓共用一个发射口，当一枚导弹发射以后，弹鼓就通过旋转将下一枚导弹对准发射口准备发射。由于该组发射装置只能为1枚导弹进行充电，每组只有1枚导弹处于"零秒待发"状态，受旋转和充电等步骤的影响，2枚导弹发射的时间间隔为3秒。而MK41垂直发射装置每个单元都能独立发射，2枚导弹发射的时间间隔仅为1秒，明显高于B-203型垂直发射装置。

然而，从武器系统继承和发展的角度看，B-203型垂直发射装置的"左轮"式结构并不是失败的设计。"左轮"式结构是对传统的悬臂式发射架下方环形弹舱的继承和改进，它别出心裁地在导弹的密封式储运发射筒内布置弹射拉杆，使导弹能直接从弹库中发射出去，简化了发射装置的结构，降低了重心，更节省了导弹从弹库中装填到发射架上以及发射架旋转对准目标的时间。而且，B-203型垂直发射装置带有35毫米的装甲防护结构，每8单元只有一个较小的发射口，对于维持甲板强度和建立核生化防护体系十分有利。35毫米的装甲虽然无法防御航弹或者反舰导弹的直接攻击，但却能有效抵御航弹和反舰导弹爆炸产生的冲击波。而MK41安装时则需要在甲板中线位置开一个大口，会影响船体的结构强度，而且毫无装甲防护的垂直发射装置一旦被击中引发殉爆，后果将不堪设想。

SA-N-6的大改型号SA-N-6C有幸搭上红色帝国军工大爆发的末班车，在苏联解体前

"光荣"级巡洋舰后部的SA-N-6舰空导弹垂直发射系统

幸运地完成了研制并开始陆续装备部队。其配套的48N6型导弹则在苏联解体后开始在"加里宁"号重型核动力导弹巡洋舰上测试，而30N6E1型火控雷达的上舰测试则是在"彼得大帝"号重型核动力导弹巡洋舰上完成的。

SA-N-6C系统配套的48N6导弹为全新的型号，尺寸比5B55型略大，战斗部更是达到了145千克。因此该导弹不仅使用了动力更强劲的固体火箭发动机，而且采用高抛弹道的飞行攻击模式。这种弹道采用先爬升、然后对准目标俯冲攻击的飞行方式，让导弹发动机在工作时尽量将能量转换为重力势能，同时尽快将导弹推到空气稀薄阻力小的高空，因此48N6的最大射程可增加到150千米。

而1998年服役的"彼得大帝"号巡洋舰近一半的远程防空导弹都换装了射程达200千米的48N6E2导弹。不过"加里宁"号巡洋舰受3P41火控雷达性能的制约，发射的48N6导弹射程被限制在93千米，而装备了一部30N6E1火控雷达的"彼得大帝"号巡洋舰则能发挥48N6E2导弹200千米的最大射程。在1144.2型重型核动力导弹巡洋舰功能齐备的电子战系统的压制下，敌机雷达锁定目标距离会被严重压缩，48N6和48N6E2导弹完全可以凭借其射程将对方拒止于发射阵地以外，或者迫使敌机改用

殉爆是指毫无防护措施的储存有导弹的发射系统，一旦被击中，爆炸波引起其他储存导弹爆炸的现象。

"彼得大帝"号是1144.2型中的一艘舰。

48N6舰空导弹

作战半径较小的低空突防模式，进而为整个舰队提供强有力的区域防空保障。另外，48N6导弹的最大速度超过6马赫，已经具备了拦截速度在5马赫以下弹道导弹的能力。

然而，苏联解体带来的经济休克让很多武器列装计划被束之高阁，SA-N-6C也不例外。该系统仅生产了一套用于装备1144.2型重型核动力导弹巡洋舰"尤里·安德罗波夫"号（苏联解体后改名为"彼得大帝"号），该舰的另一套远程防空导弹系统仍是换装48N6导弹的SA-N-6系统。

不过，幸运的是，SA-N-6C和许多末代苏式武器一样，有了"墙里开花墙外香"的结局。2003年，中国购买了2套SA-N-6C系统的出口型"暗礁-M"（音译为"里夫-M"）系统，装备在2艘051C型导弹驱逐舰上。

在20世纪80年代以后，和海军一样，苏联陆军防空作战的目标也发生了重大变化，攻击机、武装直升机和巡航导弹等低空突防目标成为新的威胁。因此，苏军要求用于接替"黄蜂"的下一代海陆军通用近程防空导弹系统，要有很好的反应

为了安装体积巨大的SA-N-6C系统，排水量仅7000吨的051C型导弹驱逐舰付出了相当大的代价，不但适航性逊于051B型，而且取消了直升机库。不过这是值得的。成熟的SA-N-6C系统在051C型导弹驱逐舰上迅速形成了战斗力，使拱卫首都防空安全的北海舰队获得了强大的区域防空能力和一定的海基弹道导弹防御能力，并且使当时中国尚未成熟的"海红旗"-9舰载远程防空导弹系统有了可靠的"备份"。

中国海军051C导弹驱逐舰前部的SA-N-6C垂直发射系统

能力和独立作战能力。

20世纪80年代末，这种海陆军通用的防空导弹系统的陆军版9K330"道尔"（或意译为"环面"，北约代号SA-15"长手套"）正式列装苏联陆军，而其海军版于1989年在一艘1124K型小型反潜舰上正式完成了打靶验收，以3K95"刀刃"（北约代号SA-N-9）的名称进入苏联海军服役。

虽然3K95的接替对象是"黄蜂-M"，但由于3K95的主要设计

陆军版9K330"道尔"防空导弹

目标为反导，要求系统具有很好的反应速度和多目标交战能力，因而3K95的系统构造反而像是SA-N-6"雷鸣"的等比例缩小版。其9C95导弹垂直发射装置也采用8枚导弹一组的"左轮"冷发射模式，具有导弹全向发射能力。虽然待发导弹数量仍然受到限制，但是比发射架上只有2枚导弹，还需要把发射架降到甲板以下再装填的"黄蜂-M"好多了。

3K95采用的9M330导弹的外形以及体积重量都和"黄蜂-M"导弹相似，都采用了易于提高导弹机动性的鸭翼布局。不过，对付掠海飞行的反舰导弹需要很快的反应速度，因此，9M330导弹在弹头处配备了侧推火箭发动机。其目的是让导

弹在发射后初速度还不大，气动舵面效果几乎没起效的时候就可以迅速转向对准目标，减少因为导弹转向而消耗的时间。

3K95系统的3P95火控雷达站能够引导8枚导弹和4个目标交战，这明显强于只有一个火力通道的"黄蜂-M"。和"黄蜂-M"的3P44雷达一样，3P95也拥有一套光电制导系统作为在复杂电磁环境下的抗干扰备份制导手段。此外，3P95对目标的角度和距离跟踪精度也相当高，分别达到了10角秒和1米，能够引导9M330导弹精确杀伤目标。因此3P95火控雷达站代表了当时苏联雷达电子设备的最高水平。

虽然"刀刃"的防空性能卓越，但是它只有12千米的最大射程（反导射程不足6千米），这个射程导致"刀刃"对反舰导弹的拦截机会只有一次。因此，装备一种有一定反导能力的中程防空导弹系统，在来袭反舰导弹出现在水天线时就予以拦截，为近程的"刀刃"赢得第二次拦截机会，就成为苏联海军在新时期对舰载防空导弹体系的要求。

和9K330同一代，用于野战防空的中程防空导弹系统"山毛榉"（北约代号SA-11"牛虻"）便成为新的舰载中程防空导弹系统的母型。1980年，956型首舰"现代"号

正在海上垂直发射的SA-N-9舰空导弹

驱逐舰服役，M-22"飓
风"（北约代号SA-N-
7）中程防空导弹系统也
随之一同服役。

"山毛榉"的设计目
的，是为地面部队提供
拥有一定射程的中低空
防空掩护，并拥有一定
的抗饱和攻击能力。M-
22的设计目标与之类似，是为小规模舰队提
供有限的区域防空能力，同时能够拦截反舰
导弹。因此，M-22使用的3M38导弹采用了
边条翼布局，这种翼型可以在不大幅度增加
翼展的情况下获得较大的翼面积，从而使导
弹在气动效果明显的低空获得足够的升力，
以提升导弹的射程。M-22使用半主动雷达寻
的制导方式，其载舰956型驱逐舰装有6部
3P90照射雷达，火力通道数量和抗饱和攻击
能力明显高于采用无线电指令制导的M-11防
空导弹系统。

同时，M-22是苏联第一个使用单臂式发
射架的防空导弹系统，虽然"装弹—瞄准—
发射"的循环周期比不上垂直发射系统，但
是其3C90单臂发射架整体重量小，转动速度
快，因此，M-22的反应速度还是优于以往采

陆基"山毛榉"中程防空导弹系统

3C90单臂式发射架上的SA-
N-7中程舰空导弹

用双臂式发射架的M-11防空导弹系统的。而且，单臂式发射架采用的瞄准式发射，导弹的近界射击盲区要比垂直发射小得多，对第一次拦截失败、距离已经很近的反舰导弹能够快速进行第二次有效拦截。和上一代M-11系统相比，M-22的低射高只有5米，对反舰导弹有着很强的拦截能力。而相对于"刀刃"的短射程，M-22的最大射程达到了30千米，反导射程也有15千米，完全可以在水天线处对反舰导弹实施一次拦截。

进入新世纪以后，M-22的最新版本3K90M"旋风"（出口型号为"施基利"-1）问世了。相对于旧系统，3K90M"旋风"舍弃了原有的3C90单臂发射架，改为12单元的垂直发射装置。新导弹9M317M9舍弃了原有的边条翼布局，转为无翼布局，并且适当缩小了弹体。不过，由于采用了全新的固体火箭发动机，9M317M9的射程不降反增，达到45千米，飞行速度也达到4.5马赫。

不过，纵使有了这样的大幅度改进，新时期留给3K90M系统的空间反而小了。在俄罗斯国内，强势出现的9M96新型中程舰空导弹凭借着射程和制导模式的优势，打压了9M317M9导弹的地位，使得其在3K90M防空系统的装备数量直接受到了影响。

在出口方面，印度已经决定采用以色列生产的"巴拉克"-8防空导弹系统，这种防空导弹系

统性能和9M96系
列导弹类似，还
可以和以色列生
产的舰载有源相
控阵雷达系统相
配套，装备印度
最新下水的"加
尔各答"级驱逐
舰。

正在吊装的3K903
舰空导弹

　　至于军工能力更强的中国，在当初引进"施基利"系统以后，就开始了技术消化和吸收，在其基础上开发了采用热垂直发射技术的"海红旗"-16中程防空导弹系统，因此强调军工产品高度自主化的中国海军也不可能引进俄罗斯的产品。

　　就现在小而精的俄罗斯海军而言，与其在旧武器基础上缝缝补补，不如直接研制全新的武器装备，这无疑是正确的选择，这对战斗力质的飞跃将有相当大的帮助。

2.8 独特的英国舰载防空导弹系统

　　"二战"结束后，世界航空技术进入了飞速发展的阶段，飞机作战性能有了较大的提高，对水面舰艇的威胁度也急剧增加。而此刻的美、苏早已开始研制新一代舰载防空武器，即舰空导弹。由此，人类开始了使用制导武器进行对空防御的历史新纪元。英国却并没有像美、苏那样，在"二战"结束后即开展舰空导弹的研制，直到20世纪50年代末期，其水面舰艇的防空武器仍以舰炮为主。

造成这种局面的主要原因是多方面的，但最主要的原因是，英国作为战后北约中最重要的国家，其海军实力相当强大（在当时世界上排到美国之后的第二位，超过了苏联海军），特别是其海军中还有近50艘航母在役（在当时仅次于美国），拥有各型舰载机近800架，其舰队的防空任务主要是由航空母舰上搭载的舰载机承担的。

然而，随着空射导弹武器的使用，飞机的飞行高度及速度已超出了防空舰炮的作战范围，因此到了20世纪50年代中后期，英国逐渐放弃了用舰炮防空的想法，开始研制舰载防空导弹。此后，舰空导弹取代了舰炮，成为英舰舰载防空的主力武器。尤其是60年代以后，英国航母数量锐减，海上舰艇防空面临的形势更加严峻，致使舰载防空导弹在英海军武器系统中的地位陡增，研制进度也明显加快。时至今日，英国皇家海军的舰载防空导弹不仅已经成为舰艇编队拦截空中目标的主要武器，而且形成了一个有着浓厚英国特色的完整系列。

英国研制的第一代舰空导弹是"海猫"。它是英国肖特兄弟公司研制的一种近程舰空导弹，主要用于打击近距离中低空飞行的空中目标。1958年开始"海猫"研制计划，1960年年底完成全部研制工作，1962年正式装备使用，在英国"利安得"级和"21"级护卫舰上得到了广泛应用，为当时英国皇家海军水面舰艇提供了舰空防御能力。

"海猫"舰空导弹长1.48米，弹径190毫米，翼展760毫米，弹重86千克，导弹最大射程5.5千米，最小射程1000米，最大作战高度3.5千米，最小30米。弹体呈圆柱形，头部为无线电制导系统，弹体中部为4个后掠式梯形弹翼，尾部为4片矩形尾翼。导弹装有一台固体火箭发动机，采用光学跟踪和手动无线电指令制导，这种制导方式与当时其他国家采用的红外或半主动雷达制导方式有很大不同，需要射手通过光学瞄准具一直跟踪所要攻击的目标，并通过手动控制杆控制导弹在瞄准线内飞行，直至导弹命中目标。制导系统后部为重15千克的破片式战斗部，配装有无线电近炸引信。

"海猫"舰空导弹

一套完整的"海猫"防空导弹系统由"海猫"舰空导弹、一个四联装发射架和一个GWS20火控雷达组成。GWS20火控雷达是一种L波段雷达，主要用于空中目标的搜索、跟踪，并向导弹发出控制指令，引导导弹命中目标。"海猫"舰空导弹系统的一大缺点是笨重，其四联装发射装置（带4枚"海猫"导弹）全重近4吨，只能装在吨位较大的水面舰艇上使用。

"海猫"舰空导弹发射架

除此之外，导弹的连续作战能力也较差，其再装填靠人工完成，而且每枚导弹的装填时间长达10分钟，根本无法应对多批次空袭。

"海猫"导弹服役后，英国不断地对其存在的一些不足进行了改进，以逐步提高其作战能力。从1969年起，采用电视制导系统的改进型"海猫"Block1型开始服役，相应的火控系统也改为自动化程度更高的GW5-24型，即用闭路电视系统代替原来的光学瞄准具，实现了导弹的自动跟踪和制导。此外，1973年在"海猫"Block1型导弹上安装了高度控制装置，使导弹能在离海面6米的高度飞行，具有了对付掠海飞行的飞机和导弹的能力。1982年，导弹换装了新型发动机，采用新型推进剂，飞行速度提高到了1.2马赫。"海猫"导弹具有简单、可靠、成本低等优点，但由于其存在反应时间长、系统复杂、杀伤力低及精度不高等缺点，目前已全部由性能更好的"海狼"舰空导弹所代替。

　　"海狼"的设想始于20世纪60年代初。1967年10月第三次中东战争后，反舰导弹对舰艇的威胁日益增长，英国皇家海军认为用舰空导弹来拦截反舰导弹是一种积极的防御手段。另外，当时英国海军中航空母舰等大型舰只数量减少而护卫舰数量增多，这些舰只非常需要反应快、具有独立作战能力的点防御系统。"海狼"舰空导弹系统就是在这种背景下，由肖特兄弟公司于1968年7月开始研制的。

正在发射的"海狼"舰空导弹

最初，英国皇家海军对"海狼"的主要技术要求包括：导弹尺寸要小，能垂直贮存在甲板下，系统反应时间要短，具有较小的作战近界和较大的仰角；在全天候条件下能拦截小型超音速目标；作战过程全部自动化等。到60年代末70年代初，随着掠海反舰导弹的问世，皇家海军要求在原来性能的基础上，增加对付掠海目标的作战能力。为此，"海狼"舰空导弹系统增加了一套电视跟踪制导系统。"海狼"舰空导弹在1969年进行了首次发射试验，1972年初开始进行制导回路飞行试验，1974年10月～1975年9月，在澳大利亚麦拉导弹靶场开始进行全系统鉴定试验；1976年～1977年6月，成功地进行海上拦截各类目标试验；1979年3月，装备英国新建的第一艘"22"级导弹护卫舰"大刀"号；1980年9月，在"大刀"号护卫舰上完成验收发射试验。

"海狼"是英国第一种真正具有拦截反舰导弹能力的舰空导弹，具有反应时间短、自动化程度高、能独立作战等特点。此外，"海狼"采用了光电复合制导以及毫米波跟踪雷达技术，抗干扰能力较强，可在严重的电子干扰环境下作战。"海狼"导弹弹长2米，弹径0.192米，翼展0.56米，

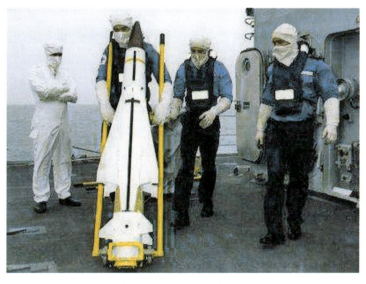

正在准备人工装填的"海狼"舰空导弹

弹重80千克，最大射程6.5千米，最小射程500米，作战高度3千米，动力装置采用一台布里斯托尔发动机公司研制的单级固体火箭发动机，发动机工作时间为2～3秒，可使导弹最大飞行速度达到2马赫。

"海狼"舰空导弹的机动过载为25G，可攻击6G的高机动目标。战斗部为装有高能炸药的破片型，重量约为14千克，爆炸后可产生近3000枚破片，其有效杀伤半径为8米。触发式或无线电近炸引信可精确控制爆炸点，使"海狼"舰空导弹在掠海飞行中不受海浪的影响。导弹采用雷达驾束制导。

基本型"海狼"系统（GWS25型）由发射装置、24枚备用"海狼"导弹、1～2座火控雷达及相关控制系统组成。发射装置由6联装发射架随动系统构成。发射架与跟踪雷达分开配置，6个长方形发射箱分两排配置于发射架两边。每个发射箱的前后均装有双层门，导弹发射时，前后两扇门自动打开。发射架具有很高的转速与瞄准精度，最大发射仰角达45°，装6枚导弹后发射架总重7.3吨。轻型VM40（805sw）"海狼"系统对发射装置进行了较大改进，改进后的发射装置有两种，即双联装发射架（重2.5吨）和箱式发射装置。该型全系统由发射装置、16枚备用"海狼"舰空导弹、1座火控雷达及相关控制系统构成。由于发射装置重量减轻，因此VM40可装备在吨位较小的舰艇上使用。

不过，在1982年马岛海战中，英国海军舰空导弹的表现却很一般，致使其多艘战舰在近距离内对抗阿根廷空军发动的空袭中战损。因此，英国对其现役近程防空系统进行了一系列的改进，淘汰了性能不佳的"海猫"近程舰空导弹，并于1982年开始研制全新的垂直发射型"海狼"Block1系统。

与倾斜式发射系统相比，垂直发射的"海狼"导弹系统在性能上有了提高。"海狼"导弹的垂直发射筒既可作为发射管，也可作为储运包装箱。发射筒的筒体是铝制成，具有重量轻、结构坚固、可以重复使用等特点。整个发射筒除了筒盖以外，没有其他活动部件，装舰后不用维护，可靠性极高。

垂直发射的"海狼"是在倾斜发射的标准"海狼"导弹基础上改进而成的，但为适应垂直发射的需要也进行了一定的改动，主要是在导弹尾部增加了一个串联式固体火箭助推器。助推器上安装推力矢量控制系统，它的功能是在导弹发射后改变发动机尾喷燃气流的

垂直发射的"海狼"舰空导弹

方向，使导弹迅速转弯，飞向预定目标。由于增加了助推器，导弹的射程从5千米增加到9千米，这样就有更长的时间对来袭目标进行多次拦截，从而增加了整个系统的作战能力。垂直发射型的"海狼"导弹被称为"海狼"Block1型。

防空作战时，当舰艇上的967/968型搜索雷达发现并识别出目标后，"海狼"系统开始自动工作，然后由910型跟踪制导雷达和电视跟踪器选定并截获攻击目标。导弹发射后，先上升一段，然后通过改变推力矢量，完成程序转弯机动，对准目标来袭方向。方位数据是武器控制系统在导弹发射前传给导弹的。导弹完成转弯后抛掉助推器，发动机点火，迅速导入自动跟踪来袭目标的跟踪雷达波束。跟踪雷达从目标的直接瞄准线上测出

"海狼"导弹的偏差，武器射击控制计算机算出必要的修正指令，再经火控雷达天线输送给导弹，使其保持在正确航迹上，直到击中目标。在多次试验中，"海狼"导弹曾成功地拦截了"飞鱼"反舰导弹及其他空中目标。垂直发射型"海狼"舰空导弹在1989年初期完成各项试验，1990年开始装备在英国最新式的23型导弹护卫舰上，至今仍是英国皇家海军对空点防御的中坚力量。

20世纪50年代末，随着英国国力的衰退及国防战略的转变，其海军航母数量由最初的近20艘减少到只有7艘，舰载机的数量也只有不到300架，海上大区域的制空权夺取能力大大降低。因此，英国从这个时期开始研制第一种实用型区域舰空导弹，以加强舰队的区域防空能力。

早在1953年，英国就研制了第一代"海参"中程舰空导弹，1960年进行发射试验，但结果并没有达到设计要求，因此转而开始研制第二代"海标枪"中程舰空导弹。由于"海标枪"采用了"海参"导弹的一些研制成果及技术，所以两者在外形上有些相似。"海标枪"舰空导弹于1965年开始研制工作，1973年开始大量装备在英国皇家海军的"无敌"级航母和42型导弹驱逐舰上，主要用于拦截中高空飞行的飞机及导弹等目标。

"海标枪"导弹由4大部分组成，即弹体、制导控制组件、战斗部与引信组件及动力装置。主弹体布局与"海狼"导弹基本一致，但外形比"海狼"导弹要大得多。"海标枪"弹长4.36米，翼展0.91米，弹径0.42米，弹重550千克，最大射程为40千米，最小射程4.5千米，最大射高22千米。导弹并没有沿用"海狼"导弹的无线电指令制导，而是采用了半主动雷达制导，通过导引头接收从舰上雷达发射的经过目标反射回来的雷达波，确定与目标的相对位置，形成控制指令，将导弹导向目标。"海标枪"的动力装置由一台固体火箭助推器和一台固体火箭发动机组成，火箭助推器的工作时间为10秒，火箭发动机的工作时间为15秒，这样可使导弹的最大平飞速度达到 3.5 马赫，最大射程达到 40 千米，完全满足了中程舰空防御作战的要求。

"海标枪"舰空导弹头部 4 个针状天线

20 世纪 70 年代末到 80 年代初，世界水面舰艇的防空作战进入了一个全新的阶段，由于反舰导弹的广泛使用，舰空导弹的作战目标由以飞机为主转为以反舰导弹为主。由于受到苏联海、空、潜所发射各型反舰导弹的威胁，美国早在 60 年代就已认识到这个严峻问题，因此特别重视舰空导弹拦截反舰导弹的能力。但英国却没有对这一变化给予重视，结果在 1982 年爆发的马岛战争中受到了很大的损失。海战中被击沉的 6 艘舰艇中包括 2 艘装备有"海标枪"中程区域舰空导弹的 42 型防空驱逐舰及 2 艘装有"海猫"近程舰空导弹的 21 型护卫舰，战损率近 1/3，这充分说明英国水面舰艇的防空能力存在着很大的漏洞。

"海标枪"导弹所存在的问题主要是发射装置过于复杂，各种传动装置的可靠性较低，维护量较大，使用中曾多次出现防焰门没有打开而使导弹发射中止的情况。其次，"海标枪"导弹对低空目标及多目标的拦截能力十分有限。在对付速度为 0.85 马赫、雷达反射面积为 4 平方米的空中目标时，其远程拦截距离可达 40 千米，而在对付以 10 米高度掠海飞行、反射面积 1 平方米的目标时，其拦截距离只有9千米。这也是参战的42型导弹驱逐舰被击沉的最主要原因。最后，"海标枪"导弹不具备多目标攻击能力，一次只能攻击一个目标，虽然能自动装弹，但要到第一个目标被击中后，火控雷达才能跟踪下一个目标，如果是多架飞机同时进入，"海标枪"的拦截能力就会大大下降。

马岛海战后，英国对"海标枪"导弹进行了改进，主要是提高制导系统对小型目标的跟踪能力及发现能力，特别是42型驱逐舰的对空目标的探测，导弹火控系统的搜索、跟踪及数据处理能力，使整套防空系统对掠海飞行反舰导弹的拦截能力有了一定的提高。在1991年的海湾战争中，英海军42型驱逐舰成功地用2枚改进后的"海标枪"舰空导弹击落了一枚伊拉克发射的SS-N-2A岸舰导弹。

而在之前的80年代末，法国、意大利开始共同研制一种新型的防空导弹系统，命名为FSAF（未来舰空导弹系列），研制全

42型驱逐舰上的
"海标枪"舰空导弹

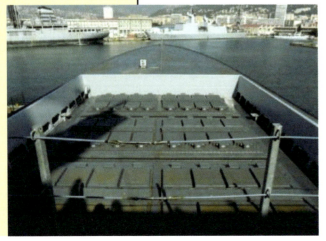

"席尔瓦"垂直发射系统

新的"紫菀"舰空导弹。20世纪90年代末，英国在自研新型中程舰空导弹没有取得进展的情况下，最终决定参与 FSAF 导弹的研制计划，法、意、英三国共同投资研制用于水面舰艇多层次防空的 PAMMS（主防空导弹系统）。这套系统中最主要的是新研制的"紫菀"舰空导弹，而发射装置则是"席尔瓦"垂直发射装置。"紫菀"舰空导弹分为"紫菀"-15、"紫菀"-30 和"紫菀"-60 等三个型号，三者在弹体设计、制导体制、发射方式上完全相同，只是由于使用的助推器不同而在射程上有较大的差别。

"紫菀"导弹的外形与法国的"米卡"空空导弹相似，主弹体装有4个呈十字形的细长窄弦翼和尖头三角形垂直尾翼，尾部连接有助推器，助推器的尾部装有切角梯形弹翼。导弹的制导系统为复合制导，即初段为惯性制导，中段为数字链指令制导，末段则为主动雷达制导。导弹的战斗部为重15千克的聚能杀伤破片式，采用无线电近炸引信引爆，可精确控制在距目标2米的距离内引爆战斗部，以保证对目标的完全摧毁。为提高机动性，导弹的重心附近装有1个火箭式气阀，利用4个横向喷嘴直接产生横向加速度，加上推力矢量技术的采用，可使导弹在接近目标时产生较大的机动过载（60G），即使目标进行高达15G的高机动规避动作，也无法躲避"紫菀"舰空导弹的打击。

垂直发射的"紫菀"-15舰空导弹

"紫菀"-15导弹在系统中将作为近程点防空导弹使用，但其最大射程已达到30千米，已可划入到"中程舰空导弹"的行列。"紫菀"-15弹长4.2米，弹径0.18米，弹重310千克，尾部助器重200千克，工作时间为2.5秒，可使"紫菀"-15导弹的最大飞行速度达到3马赫。导弹的最大射程达30千米，最小射程500米，最大作战高度为13千米，最大使用过载为60G。

　　"紫菀"-30导弹则作为系统中的中程舰空导弹使用，与美国"标准"-2导弹的作用相似。它使用了比"紫菀"-15更大的助推器，可保证最大平飞速度超过4马赫，最大射程达到120千米，最大作战高度20千米，完全符合中远程防空作战的要求。

　　"紫菀"-60导弹将作为未来欧洲"海基弹道导弹防御"系统的重要组成部分，与美国 "标准"-3型导弹具有相似的作用。

"紫菀"-30舰空导弹

　　与传统舰空导弹相比，"紫菀"导弹具有很多独到的优势和特点。

　　首先，"紫菀"导弹具有极高的机动性和命中率，它是世界上唯一使用直接碰撞作战方式的舰空导弹。试验中，"紫菀"导弹的爆炸点和目标重心点的距离小于1米，如此精确的打击能力主要归功于其先进的飞行控制技术，它结合了空气动力学控制和径向推力矢量控制技术。导弹垂直发射后，具有推力矢量控制技术的助推器可以使其迅速转向，以最快的速度接近目标。在以后的飞行时间内，目标的姿态和速度数据通过数据链不断传给导弹，由弹上计算机计算出最佳弹道。导弹飞行末段，控制系统靠位于导弹重心附近的横向燃气喷嘴进行径向推力矢量控制，而且，通过限制攻击角度，显著提高了主动雷达制导系统的精度，加上先进的延时引信技术，更保证了"紫菀"导弹在非常小的目标窗口内也能实现成功拦截。

其次，"紫菀"导弹采用了模块化设计，自身可通过使用相同的弹身与不同的助推器组合，形成可执行不同任务的导弹系统，使导弹的设计和生产得到简化，并且可以使用通用的火控和发射系统。导弹的通用性好，使用标准尺寸的模块化垂直发射系统，因此可以方便地安装在舰艇上的不同部位。

最后，"紫菀"导弹既可用于舰艇防空，又可用于陆基防空；既可在10～25千米范围内防御超音速反舰导弹，又可在15～80千米内防御高速飞行的攻击机，还可在30～100千米内拦截预警飞机；既可担负舰艇自身的防空反导任务，又可加装远程警戒雷达以执行战区导弹防御任务。

由此可见，"紫菀"导弹不仅是欧洲目前最先进的舰空导弹，同时也是世界上最先进的舰空导弹。当初英国在选择其下一代舰载中程防空导弹时，没有选择美国的"标准"而选择了欧洲的"紫菀"导弹，看中的也是

径向推力矢量控制（PIF）结合了空气动力学控制和径向推力矢量控制技术。导弹垂直发射后具有推力矢量控制技术的助推器可以使导弹迅速转向，以最快的速度接近目标。简单来说，就是在通过导弹本身弹翼提供转向动力的同时，安装在弹体上的矢量推力发动机提供一个侧推的力，使导弹的转向性能比单独使用弹翼控制方向的性能更好。

其先进的技术性能。

"紫菀"导弹将作为英国下一代45型防空导弹驱逐舰上的防空武器，替换现役的11艘42型驱逐舰及舰上搭载的"海标枪"导弹，作为英国皇家海军21世纪区域防空的主要作战力量。每艘45型驱逐舰上装备6座8联装"席尔瓦"垂直发射装置，共48个发射单元，混装6枚"紫菀"–15和32枚"紫菀"–30导弹，在舰载"桑普森"相控阵雷达的配合下，可为英国皇家海军提供更为严密的舰空防护网。

2.9 反潜导弹先行者——美国的"阿斯洛克"

"冷战"时代，苏联为了与美国争霸，凭借完全不计成本的军备投入，建立了一支让西方畏惧的水下军事力量。苏联的水下力量曾经被美国海军视为最大的威胁，为了增加水面舰艇的反潜作战能力，美国海军于1961年利用固体火箭推进，将MK44/46轻型制导鱼雷或W44核深弹发射到敌方潜艇附近海域。这就是世界上最早装备、也是最典型的美国RUR-5（ASROC"阿斯洛克"）反潜导弹。

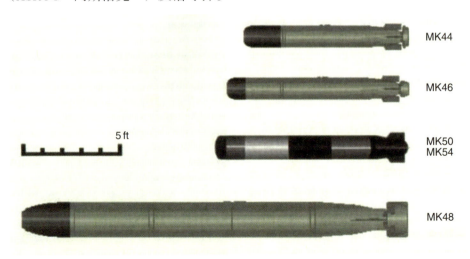

MK44
MK46
5 ft
MK50
MK54
MK48

美国装备的几型鱼雷

倾斜发射的RUR-5A反潜导弹长度为4.6米，弹径0.336米，翼展0.845米，发射重量仅有435千克。RUR-5A的有效射程为2～10千米，可以用载舰主动声呐直线探测保证攻击射程，鱼雷入水点距离载舰能够达到8～9千米。RUR-5采用W44核深弹作为战斗部时，因为深弹的重量和尺寸比鱼雷小，采用深弹弹头的RUR-5的长度也比鱼雷型小，射程则要比鱼雷型远约1千米，但核深弹型的近距安全边界也要比鱼雷型增加1千米。为了适应垂直发射的要求，"阿斯洛克"的垂直发射型RUM-139A则在弹上增加了姿态测量装置，弹体动力段增装了方向控制装置，改进火箭发动机后的射程达到16.5千米，以适应反潜火控系统目标探测距离的提高。采用垂直发射方式的RUM-139A装载MK46鱼雷时的发射重量为639千克，装载MK50鱼雷时的重量则增加到675千克，射程相应地缩短到11～13千米。

"阿斯洛克"反潜导弹由鱼雷（或深弹）、降落伞、点火分离组件、弹体、固体发动机等组成。其射程由定时器控制，定时器在发射前进行设定，发射后按照定时器上所设定的时间，火箭助推器与鱼雷（或深弹）分离，鱼雷进入空中惯性飞行阶段。在到达预定点之前，鱼雷上

"米拉斯"反潜导弹发射图

的降落伞自动展开，减缓鱼雷的入水速度。降落伞在鱼雷入水冲击的作用下解脱，与鱼雷分离，鱼雷入水后，自控系统操纵鱼雷进入预定深度，开始以各种轨迹对敌潜艇进行搜索。当自导系统发现了目标，鱼雷就进行跟踪，追击，直至命中。

"冷战"中期，为ASROC反潜导弹配套的M116火控系统采用舰艇的SQS-53主动低频声呐为主传感器，声呐基阵直径为4.8米，高度为1.7米，装有576个换能器（8层，每层72个）。SQS-53主动声呐发射功率为150～240千瓦，直线信号探测距离为9～15海里（1海里=1.852千米），会聚区传播探测距离为30～35海里，海底反射探测距离为15～20海里，直线探测距离能满足RUR-5A反潜导弹全射程的目标定位要求。

美国海军在20世纪80年代中期装备的SQQ-89反潜作战系统，是以MK116系统为基础研制的改进提高型，能够综合处理壳主动声呐、直升机和拖曳式SQR-19线列阵声呐的信息。SQQ-89仍然采用SQS-53舰壳声呐主动探测目标，被动探测目标的SQR-19线列阵声呐拖曳长度为1700米，工作深度可达365米，工作频率在0.01～1千赫，有效探测距离可以达到70海里，超过现有绝大部分潜射反舰武器的自主探则和攻击距离。作为SQQ-89反潜作战系统的组成部分，舰载直升机（SH-60B）使用声呐浮标和吊放声呐，在距载舰15～50海里的半径搜索目标。

SQQ-89采用标准的舰－机协同作战方式，载舰利用SQS-53或SQR-19搜索到潜艇目标后，对潜艇目标进行测向和目标信号分析，反潜直升机则在舰载声呐测向后的中心扇面中搜索，并在预定的位置投放声呐浮标或使用吊放声呐，对潜艇进行测距。舰-机协同实现对潜艇目标的三维定位和测向后，可以由直升机向潜艇目标直接投放鱼雷攻击，反潜驱护舰对中等距离目标也可以直接发射反潜导弹。

美国海军在发展舰用RUR-5的同时，为适应核潜艇远洋反潜作战的需要，还装备了与RUR-5类似结构的潜射UUM-44A（SUBROC"萨布洛克"）型反潜导弹。UUM-44A反潜导弹的结构与RUR-5相似，但体积远大于RUR-5，以便加强远程打击能力。UUM-44A

"阿斯洛克"反潜导弹发射箱

的长度为6.42米，直径0.533米，重量1814千克，均与常规的潜射鱼雷规格接近。它采用固体火箭动力和弹道式飞行方式，最大射程为44～56千米，远远超过当时苏联反潜鱼雷的有效射程。

UUM-44A虽然体积比RUR-5更大，完全可以安装尺寸更大的反潜鱼雷，但因为潜艇对战中几乎无法使用主动声呐，被动声呐远距离测量的精度又不能保证UUM-44A实现火力圈（对方重型反潜鱼雷射程）外打击，根本无法保证鱼雷入水时与目标相对的位置精度。因此，美国海军为了使UUM-44A能进行远程反潜，为其配备了W55核弹头，通过增加有效毁伤范围的方式远距离消灭敌方潜艇。

美国海军在水面舰上配置了SOO-89综合反潜系统后，拖曳声呐对潜艇的探测距离可达70海里，SH-60B和P3C提供的区域声呐定位手段能对远距离潜艇目标进行精确定位，具备了增加反潜导弹有效射程的技术条件。美国海军在"冷战"后期发展了UUM-125"海长矛"反潜导弹,"海长矛"反潜导弹采用了传统的固体火箭动力和弹道式原理,并实现了潜/舰通用和真正的远程作战效能。UUM-125的弹体长度为15.8米,直径0.406米,重量1034千克,外形尺寸和重量处于RUM-139和UUM-44之间,既可以使用潜艇鱼雷管发射,又能够兼容到MK41导弹垂直发射装置中。

UUM-125采用MK50鱼雷(舰/潜用)或W89核深弹(潜艇装备)作为战斗部,中段采用惯导+指令修正,有效射程可达100千米,并具备将射程提高到130~150千米的技术条件。UUM-125设计要求的性能指标非常好,但技术难度也很大,尤其是远程射击时存在的限制因素过多,以及高成本和不适应浅水作战的问题,使这个性能指标空前的型号到1990年就终止了研制。

美国海军现役反潜导弹仍然是垂直发射型的RUM-139A,短期内不仅没有开发新型号的意图,甚至还计划把现有的RUM-139A改装成陆攻型。由于庞大的"红色帝国"解体后,苏联大量的核潜艇也慢慢在港口中泡烂退役。因此,现役反潜导弹的装

"阿斯洛克"反潜鱼雷

备价值已经远不如"冷战"前、中期，并且其他世界海军强国的反潜导弹研制也"乏善可陈"，美国的"阿斯洛克"可以说是一枝独秀。

2.10 韩国版"阿斯洛克"——"赤鲨"反潜导弹

为推进国防自主，韩国从20世纪90年代末就开始大张旗鼓地全面自主发展三军武器。在这种背景下，韩国开发了一系列满足韩国海域特征和战略需求的舰载武器，"赤鲨"反潜导弹就是其中的代表。

当时，韩国为发展自主海军，制订了庞大的造舰计划。在造舰过程中，舰载反潜系统成为难题。KDX-2型驱逐舰上安装MK41垂直发射系统后，没有设置专门的鱼雷发射系统，反潜主要靠直升机携带鱼雷。为此韩国海军向美国提出购买能使用MK41垂直发射系统的"阿斯洛克"反潜导弹，但美方考虑到技术安全和避免地区局势紧张而拒绝了韩方的要求。这使韩国十分尴尬，因为KDX-2和KDX-3型驱逐舰将成为韩国海军的海上核心，而缺乏鱼雷攻击手段将成为韩国海军的软肋。于是，韩国国防发展局以刚服役的"蓝鲨"反潜鱼雷为基础,制订了"赤鲨"反潜

垂直发射中的"赤鲨"反潜导弹

导弹计划，仿制美国的"阿斯洛克"反潜导弹。

该计划始于2000年，共投入1000亿韩元，原计划在2007年完成研发，但直到2009年才完成大部分试验项目。"赤鲨"反潜导弹长5.7米，采用MK41舰载垂直发射系统发射，通过卫星制导飞行，可打击20千米以外的敌方潜艇。该鱼雷在2009年初首次成功进行了全程试验，并于2010年开始批量生产，首先装备韩国最先进的KDX-3驱逐舰，然后逐步装备KDX-2驱逐舰。

"赤鲨"反潜导弹采用了"阿斯洛克"的总体布局设计，但略有不同的是，"赤鲨"采用前细后粗的圆柱形弹体，整个导弹由前、中、后三个舱段组成。"赤鲨"前段长2.8米，中段和后段长2.9米。前段直径为324毫米，后段直径略粗。前段为鱼雷和保护头罩；中段为设备舱，其中部有4片梯形细长弹翼，后部外侧有4片"X"形稳定翼，舱内装有数字自动驾驶仪、电源、减速伞等；后段为1台固体火箭发动机（直径比前两个舱大一些）和推力矢量控制系统，尾部有4片"X"形配置的稳定翼。

"赤鲨"反潜导弹

该导弹的战斗部就是"蓝鲨"轻型鱼雷。该鱼雷以铝氧化银电池为电源，采用低噪音泵式发动机，降低了自身噪声，射程也

得到提高。在改造为"赤鲨"战斗部时,"蓝鲨"尾部舱段增加了稳定器和降落伞等部件,以确保鱼雷安全正确的入水姿态。头部专门设计了尖锐的流线型顶罩,用来确保鱼雷在导弹发射和飞行、入水过程中不受损。顶罩由易碎材料制成,入水冲击使其碎裂而离开鱼雷顶部。

"蓝鲨"反潜鱼雷

从外观上来看,"赤鲨"反潜导弹采用了1台标准固体火箭发动机。在尾喷管外侧有4片"X"形配置的稳定翼,尾喷管后有4片燃气舵,进行推力矢量控制。固体火箭发动机在将前两个舱推送到高空预定位置后,即与其分离。前两个舱段依靠惯性按照一定弹道飞行,并在末段借助中段弹翼滑行到目标上空,然后前段"蓝鲨"反潜鱼雷与火箭助推器分离,并释放降落伞入水。

"赤鲨"的制导与控制由安装在设备舱的数字自动驾驶仪和卫星制导系统实现。自动驾驶仪主要控制武器射程、发动机关闭及舱段分离。导弹发射前由数字自动驾驶仪向鱼雷预置作战信息并进行自动测试,测试结果传给反潜作战系统。导弹发射后,自动驾驶仪将控制与稳定指令发送给弹翼和推力矢量控制组件,控制导弹的俯仰、偏航及滚转,达到稳定和修正动力段弹道的目的。而在前段和中段组件弹道飞行末段,依靠卫星制导系统确定精确位置,并在小范围内修正弹道,确定前段分离点位置。导弹发射前的目标探测主要由舰载声呐、拖曳声呐、雷达和发射舰上的飞机等提供。

可以看出，韩国的"赤鲨"反潜导弹结构总体上模仿了美国的"阿斯洛克"反潜导弹，但无论是飞行控制还是制导方式方面，韩国科研人员都对其进行了一定的改进。并且与其他国家的同类武器相比，"赤鲨"也具备了自身独特的特点。

首先，"赤鲨"反潜导弹能够实现垂直发射。垂直发射是反潜导弹的重要发展方向。与传统的倾斜发射相比，垂直发射容易实现舰空、舰舰导弹和反潜导弹共架、共库，从而大大减少舰上固定设备体积，还能有效地攻击来自任意方向的潜艇，缩短发射准备时间。

其次，由于采用了火箭助推的攻击模式，"赤鲨"反潜导弹打击目标具有速度快、射程远的特点。如果按照理论计算，"赤鲨"采用火箭助推，空中弹道飞行即有20千米，而"蓝鲨"鱼雷射程也可以达到10千米，两者之和达到30千米，这对水下目标已经做到了防区外打击。采用空中飞行比水中航行无疑快许多。20千米的距离导弹飞行需要2~3分钟，如果是"蓝鲨"这样的鱼雷航行则需要15分钟以上。快速抵达目标将使敌方舰艇和潜艇失去隐藏和规避，甚至释放对抗器材的时间。"赤鲨"反潜鱼雷的射程达到20千米，比"阿斯洛克"还远。

最后，由于"赤鲨"反潜导弹采用了新技术，弹头威力大。"赤鲨"导弹的战斗部采用了"蓝鲨"轻型反潜鱼雷，这使其集中了"蓝鲨"反潜鱼雷的威力大和成本低的优势。据韩国国防发展机构透露，"蓝鲨"轻型鱼雷上装有可以主动发射声波的声呐系统，并能对目标进行探测及定位。韩国官员还宣称，"蓝鲨"反潜鱼雷是在全球范围内第七个开发成功的同类型鱼雷，装有可以破坏双壳潜艇艇壁的定向爆破弹药，因此也具有对潜艇更强的打击能力。

第3章 中国海战导弹的发展历程

3.1 从仿制开始起步的新中国反舰导弹

首先要说明的一点是，中国军队所列装的反舰导弹，从称呼上大体上可划分为"上游"、"海鹰"及"鹰击"三大系列。最初，这三个名称分别是用来命名舰对舰、岸对舰和空对舰导弹的，但随着反舰导弹的一弹多型化，上述规则逐渐变得混乱。而所谓的"C-XXX"则仅仅是前述各个系列所派生的出口型号，它们中的很多和国内使用的型号甚至不存在一一对应的关系。

由于中国海军长期受到苏联海军作战思想的影响，同时也因为空中力量的不足，中国海军的对海打击体系至今仍然以反舰导弹为核心。换句话说，各种反舰导弹在中国海军作战体系中的地位要高于"鱼叉""飞鱼"等反舰导弹在西方国家海军体系中的地位。

中国反舰导弹的研制应追溯至20世纪50年代末。中华人民共和国成立伊始，中国海军尚在襁褓之中。为了尽快巩固海防，1956年10月，专门的反舰导弹研究机构——国防部第五研究院正式成立，其方针是"自力更生为主，力争外援，利用社会主义国家已有的科学成果"。

1957年9月，聂荣臻率中国政府代表团到苏联谈判，要求苏方对中国的导弹事业提供援助。10月15日，双方签署协定，规定苏方在1961年前向中国提供四种型号导弹的实物及技术资料。当日，中国又派出了当时的海军政委苏振华上将率领的海军代表团赴苏谈判，要求提供飞航式导弹。

1958年2月4日，中苏签订了协议，其中就包括苏联向中国提供542岸对舰导弹、544舰对舰导弹及1060潜地导弹。所谓542就是苏联的KS-1飞航式岸舰导弹，而544就是后来震惊世界的"冥河"反舰导弹。

1959年12月，根据中苏两国签订的协议，苏方开始向我国提供部分反舰导弹的样品和技术资料。1960年初，542型与544型导弹样品运抵中国，很快就在渤海湾锦西地区的23基地进行了试射打靶，而靶船则是前清遗留下来的一条破旧炮舰，据说该炮舰还曾是慈禧的"御舰"！

544反舰导弹

试射的结果是544型一切顺利，但最大射程超过100千米的542型导弹实际效果却并不令人满意。由于弹上雷达接收机和机电式控制系统精度不足，542导弹的命中率非常低，试射中全部操作都是按苏联的规程指导进行的，而从海岸阵地上发射的数枚导弹从没有打中过靶船，多数为近失弹，仅仅是飞临目标上空俯冲进水。当然，542导弹重达1吨的战斗部仍旧显示出了惊人的破坏力，靶船水下部分的钢板被爆炸水压挤压变形。

尽管如此，

542反舰导弹

542与544两型导弹的仿制工作依旧继续进行着。当时考虑，随着工作的深入，能够将542导弹的精度进一步提高。当时的国防部五院负责技术资料的整理、消化和逆向设计，同时派出工作队下厂参加仿制工作。然而在1960年八九月间，由于中苏关系恶化，全部苏联专家组陆续撤回。而实际在此前不久，苏联专家组的工作已经出现停滞，所有的工作都因此陷入了停顿之中。

1961年7月，国防工业会议在北戴河召开。面对当时国家在技术和经济上的困难局面，会议确定了"缩短战线，任务排队，确保重点"的方针。中央军委决定停止仿制性能不佳的542岸对舰导弹，集中力量仿制544舰对舰导弹，由五院负责技术总抓，三机部320厂（即后来的南昌飞机制造厂）为仿制单位。当时国防工业全面调整收缩，国家要求首先生产和研制能够迅速形成战斗力的武器装备，以应付边境和台湾海峡的严峻局势。在反舰导弹的作用还不被世界完全认可的时代，幸存下来的544导弹的仿制自然不可能成为重点，随着这一轮国防工业的调整，其仿制进度一度放缓。

1963年4月，随着经济情况开始好转，544型导弹的仿制工作也开始加快进度。1963年10月，320厂用苏联留下的零件组装出了第一枚544导弹模型弹，次年8月顺利通过全弹静力试验，并于十一二月间在西北戈壁滩进行了发射试验。在此期间，由于原来544导弹所使用的液体燃料需要大量的粮食来提炼，考虑当时的国内实际情况，仿制型号转而使用煤油作为推进剂，推进系统也相应做了改进，有效射程则由原来的35千米增至40千米。

1966年5～7月间，544导弹进行了陆上和海上飞行试验。这些试验的控制设备采用苏联产品，其他部分则为国产产品，由此被人调侃为"混弹"。几乎与此同时，544导弹的官方代号被正式命名为"上游"一号舰对舰导弹。

1966年11月，"上游"一号进行了海上定型试验，试验结果9发8中。1967年8月，"上游"一号通过了定型进入批量生产，装备同步研制的21和24型导弹艇，随后用于07型驱逐舰（即所谓的"四大金刚"）的导弹化改装，并装备01型及053H型导弹护卫舰。在此之后，"上游"一号派生出的出口型号被命名为"飞龙"一号，出口到了一些第三世界国家。

"上游"一号反舰导弹

在简单仿制取得成功之后，中国技术人员随即开始了反舰导弹的自行研制工作。在"上游"一号定型不到3年时间之后，名为"上游"二号的小型化超音速反舰导弹便在南昌飞机制造厂正式上马。事实上在仿制544型导弹之前，中国就已经开始进行超音速反舰导弹的理论研究。遗憾的是由于政治运动的干扰，"上游"二号的研制进程曾一度中断，直至l975年，陆上模拟弹发射才获成功，1980年又完成了陆上遥测发射试验，此后便再无音信。

1975年12月，南昌飞机制造厂根据海军的要求，开始在"上游"一号的基础上研制固体燃料的"上游"二号导弹。为加以区别，通常称这一型为"上游"二号（固），而更早些的型号则称为"上游"二号（液）。1984年8月，国防科工委将"上游"二号（固）列入

"七五"计划之中，在一定程度上继承了"上游"二号（液）的研制成果。1988年，"上游"二号（固）完成遥测弹试制，后由于一些设计问题，定型试验由原定的1989年6月推后至12月完成，试验结果为7发6中。

1991年，"上游"二号开始大批量生产，最先装备的是同期进入南海舰队的6艘053H1G型护卫舰。"上游"二号的作战效率与之前的"上游"一号有着本质差别，而且它可以在改动不大的情况下，与"上游"一号及"上游"一号甲通用发射平台。

中国反舰导弹的发展过程中，最早出现的是舰对舰型号的反舰导弹，而后是岸对舰反舰导弹。"上游"一号装备海军水面舰艇部队之后，中国的海防体系仍然面临着尴尬。只装备有海岸火炮的岸防部队，面对来自海上的潜在威胁，显得力不从心。在漫长的海岸线上，只有一些要塞地域部署有130毫米海岸炮。在特殊时期，为了应对频繁出现的危机，几艘装备舰对舰导弹的舰艇不得不沿着海岸线来回游弋，有时甚至会由于无暇靠岸补给而使舰上官兵面临缺乏淡水和新鲜食物的问题。在这种情况下，岸对舰导弹对于中国海军的实战意义可能要更胜于舰对舰导弹。1959年购买的542导弹也装备了中国的岸防部队，不过数量较少，只编有4个中队，其中包括23基地的一个中队，另有2个中队隶属当时海军司令部直辖的503大队。

1963年年底，在"上游"一号导弹的仿制工作取得进展的同时，320厂设想在该导弹基础上进行改型设计，以填补542导弹性能不佳所留下的空白。经过方案讨论并征求海军意见之后，320厂正式提出了"上游"一号改制岸舰导弹的建议。1964年4月，根据当时国家主席刘少奇"为打击海上来袭敌人，要尽快拿出岸舰导弹"的指示，320厂岸舰导弹的改型工作开始加快进度。当年年底，320厂向三机部呈送总体设计方案；与此同时，国防部五院（后改为七机部）也在对岸舰导弹方案进行论证。

1965年4月，国防科工办与七机部召开会议，由钱学森主持。会上对320厂和七机部三院的岸舰导弹方案进行比较，最后决定320厂提出的在"上游"一号舰舰导弹基础上改型的方案较为稳妥，即加大燃料仓容积，延长发动机工作时间并调整自动驾驶仪和末段制导雷达的工作参数。改型后的导弹正式命名为"海鹰"一号岸舰导弹。

1966年12月26日，"海鹰"一号岸舰导弹在辽宁锦西海岸进行了首次发射试验。试验由国防科工委第23基地组织实施，要求导弹要飞完最大动力航程，并命中航程上的靶船。试验中，在倒计时数秒时，科研人员最担心的是导弹在发射架上爆炸，好在这种事情没有出现，导弹在一声巨响中成功

"海鹰"一号岸舰导弹

地发射出去。导弹虽成功完成了巡航飞行，可弹上末制导雷达却没有捕捉到目标，导弹飞完全部航程后掉进海中，试验没有达到目的。

很快，南昌飞机制造厂又提供了新的试验弹，但是通过试验，发现弹上雷达能捕捉到目标的次数与没有捕捉到的次数相近。当时的三院副院长梁守槃推断是弹上末制导雷达处于时好时坏的临界状态造成的，发射时的振动是最大的怀疑对象，这一问题随着导弹发射装置的改进和增加减震措施最终得以解决。1967年，导弹试验取得初步成功。随后，在南昌飞机制造厂程绍忠的主持下，加强了弹体强度并进行了局部修改。

从1966年首射到1970年，"海鹰"一号岸舰导弹总共试射了25发。1970年10月，导弹定型飞行试验取得成功。1974年8月，"海鹰"一号正式定型，而在此之前的1972年，"海鹰"一号已经开始投产并装备海军岸防部队，之后派生的出口型号则被称为"飞龙"-3岸舰／舰舰导弹。

"海鹰"一号岸舰导弹弹体的外形、制导模式基本上与"上游"一号相同，只是弹翼的位置做了一些调整。此外，为了增加燃料携带量，弹体中部的燃料仓被延长了760毫米，同时换装了推力更大的液体火箭发动机，有效射程由"上游"一号的40千米增大到70千米，达到了当初542导弹的标准。

当时，美、苏两国巡洋舰级别的水面舰艇已经开始装备早期的舰空导弹系统，但这些导弹主要是对抗飞机这样的相对大型的目标，对于像"海鹰"一号导弹这样大小且飞行高度很低的目标难以探测，美国海军的对空警戒雷达发现类似反舰导弹大小的靶机距离只有10千米左右，舰上系统只有几秒钟的反应时间，所以当时的舰空导弹系统根本不可能实施拦截。而且"海鹰"一号导弹相对于飞机体积更小，舰空导弹上按拦截飞机设定的近炸引信对其不可能起爆，这将导致即便发射舰空导弹也会错过目标。苏联舰艇大量装备的人工操作半自动37毫米舰炮，以及高平两用的130毫米和57毫米舰炮，经测试拦截反舰导弹的效果同样很糟；西方国家海军大量使用的20毫米舰炮也同样存在类似问题。而"海鹰"一号反舰导弹510千克的战斗部足以重创战列舰级别的舰艇。因此，中国近岸海域对任何潜在对手来说，开始变得危险起来。

在更早一些的1967年3月，作为051驱逐舰的配套工程，航空工业部下达改进"海鹰"一号岸舰导弹为舰舰导弹的任务。1968年2月，国防科工委通过了"海鹰"一号舰舰导弹方案，确定导弹采取舰上横向发射方式，使用三联装回转发射装置。与岸舰型的不同之处在于，舰用型的使用环境更加恶劣和复杂——导弹稳定机构中除了原有的陀螺组以外，又加了一套随动系统，以抑制发射瞬间导弹的姿态，克服舰船运动时带来波动。同时，火控系统也有不同，舰面火控系统除保留搜索雷达外都进行了重新设计，采用集成电路、双机运算、自动切换和诊断故障等新技术研制了5A–1型指挥仪。1972年9月，进行了首次系统动态精度试验，试验中暴露出舰面设备性能不完善等问题。经过反复研究，最后终于发现问题并改进，于1973年初再次试验并取得成功。

1973年9月21日～22日，051驱逐舰首舰223号（也就是后来的105"济南"舰）对"海鹰"一号舰对舰导弹武器系统进行了首次射击试验，四发四中。1975年12月，"海鹰"一号舰对舰导弹定型。10余年间，"海鹰"一号导弹试射19枚，命中14枚。1983年6月，"海鹰"一号舰对舰导弹与舰载武器系统定型。

理论上说，配备了"海鹰"一号舰对舰导弹的051型导弹驱逐舰与当时苏联的"卡辛"级、美国的"基林"级等驱逐舰相比，在对海火力上要明显超越，可以说是那段时期世界上对舰火力最强大的驱逐舰。在战术上，除了单独使用外，在当时的图片和音像资料中还常常可以看到051驱逐舰与021或024型导弹艇混合编队的情景。

正在吊装上051型导弹驱逐舰的"海鹰"一号舰舰导弹

由此可以推断，当时的战术可能是由导弹艇前出至051型驱逐舰前方一定距离，保证其搭载的"上游"反舰导弹可以和"海鹰"反舰导弹形成重叠的火力范围，战时则由051型驱逐舰在发挥自身火力的同时，利用其舰载火控系统对导弹艇实施指挥和调度，从而最大限度地发挥大舰的价值。在这种战术下，驱逐舰事实上是取代了原来岸上指挥所的职能，使导弹艇摆脱海岸基地的束缚，向近海区域拓展攻击范围。

再之后，为提高"海鹰"反舰导弹的战术性能，并配合新一代051G1驱逐舰（即165"湛江"舰）的研制，1983年，南昌飞机制造厂为"海鹰"导弹换装了抗电子干扰、抗海浪干扰和提高突防能力的LM-1A频率捷变雷达。同时，也换装了降低导弹平飞高度的263C无线电高度表，导弹平飞高度降至20米以下，可实现15米高度的巡航飞行和8米高度的末段飞行；换装具有30°扇面发射射界的新式自动驾驶仪。1985年7月~9月，导弹在109"开封"号驱逐舰进行首次试验，新型导弹共进行了4次试射，均获得成功，其中2次直接命中目标。

1986年12月，改进后的导弹通过技术鉴定，被命名为"海鹰"一号甲（"海鹰"-1A）舰舰导弹。后来，"海鹰"一号甲舰对舰导弹又改进为"海鹰"一号甲岸对舰导弹，

"海鹰"一号岸舰导弹

并能与64型岸炮校射雷达配合工作，使"海鹰"一号甲成为岸、舰通用型反舰导弹。

而在研制"海鹰"一号甲岸舰导弹的同时，另一个岸舰导弹系统项目也开始启动。这是1965年初由三院在已有的论证基础上提出的另一个方案，也是基于"上游"一号导弹进行的改型，进一步增加射程，并且改进型导弹上的组件要求与"海鹰"一号能互相通用。这个改进方案于1965年4月获国防科委批准通过，同年8月列为国家发展型号，1966年被命名为"海鹰"二号反舰导弹。

"海鹰"二号的设计相对较为成熟。为加大燃料装量，重新设计了弹体中段，采用承力箱结构，能够在增加燃料的同时加大弹体结构强度。设计计划中还使用从苏联进口的"乌拉尔"计算机。1966年8月，静力试验弹组装完成。

相对于"海鹰"一号导弹，"海鹰"二号的外形基本没有变化，但体积进一步增大。然而由于051型

驱逐舰设计时预留位置是"海鹰"一号导弹，最终限制了"海鹰"二号的使用，使其在后来无缘上舰。"海鹰"二号全长达到了7.84米，全重2988千克，有效射程达95千米。这一射程已经存在有超视距探测的问题，在水天线之外，有约40千米的射程为雷达盲区，而当时对这一问题的解决方法是将331型雷达部署在沿海高山之上来延伸探测范围。

同中国的大多数反舰导弹一样，"海鹰"二号同样演化出了大量的渐改型号。根据已经公布的信息，直接演变的大致有两个系列，即"海鹰"二号甲（A）/乙（B）。

"海鹰"二号甲为克服原雷达末制导抗干扰能力差的缺陷，换装了红外导引头，故又称"海鹰"二号红外弹。1980年9月，"海鹰"二号甲以6发5中完成定型飞行试验，1982年正式定型。随后三院技术人员又对"海鹰"二号甲进行了进一步改进，采用了新的更为灵敏的红外导引头，改进了调制方式，从而扩大了锁定范围。用无线电高度表取代膜盒式气压高度表，以降低飞行高度。改进型在1984年以3发3中通过鉴定性飞行试验，1985年6月通过定型，定名为"海鹰"二号甲II型。之后又再次改进，新的型号称为"海鹰"二号甲III型。

1975年，三院进行新型"海鹰"二号的总体方案论证设计，新型号称为"海鹰"二号乙。采用单脉冲体制的650型雷达导引头，并改装了高精度低空型无线电高度表，其巡航段高度降为30～50米，进一步提高了突防能力。1979年，"海鹰"二号乙飞行试验成功，1984年1月正式定型。此后，三院三线基地工厂又为"海鹰"二号乙换装了捷变频体制导引头，并于1989年试验成功，之后定名为"海鹰"二号乙II型。

由"海鹰"二号反舰导弹派生而来的另一个家族是"鹰击"-6空舰导弹。20世纪60年代中期，中国海、空军先后提出为轰-5、轰-6轰炸机装备导弹武器以增强突防能力的设想。而执行战术核打击任务的空地导弹，最理想的就是直接将大威力、远射程的反舰导弹作为原型，来进行设计和改装。

1965年，空军正式向中央军委要求安排导弹的研制工作，要求研制射程不小于150千米，全重低于3吨，以对地攻击为主、兼顾打击海上目标的空射导弹。作为技术上的折中，1966年，七机部三院制定了空舰导弹的总体方案，并命名为"风雷"-1导弹，计划以此为技术储备，待技术成熟之后再在其基础上开发空地导弹，工程代号371。1966年10月，371工程总体和战术指标确定。

1967年5月，国防工办和国防科委对总体方案进行了审定。方案以"海鹰"二号为原型，主要设计重点在于导弹制导、控制以及和飞机的技术整合。研制工作曾在1969年被迫中断，后于1975年9月恢复空舰导弹的研制工作。同年，在路史光和杨经卿的先后主持下，对方案进行了进一步的论证，明确要尽可能地利用"海鹰"二号已有的技术成果，走渐改路线。

1977年4月，三机部、四机部、五机部、八机总局和海军联合审定了空舰导弹系统方案，确定将轰-6甲改为空舰导弹载机，挂载方案为两翼下各挂载导弹一枚。同时确定导弹系统由三院负责研制，载机由西安飞机制造厂负责改装，并分别命名导弹为"鹰击"-6空舰导

"鹰击"-6空舰导弹

弹，载机为轰-6丁飞机。

1977年10月，国务院、中央军委批准了《轰-6丁型飞机挂"鹰击"-6号导弹武器系统研制总方案》，各项工作随即迅速展开。1983年1月，方案进行了改动，为"鹰击"-6加了惯导装置，进一步提高了火控系统的精度和可靠性。

1978年，"鹰击"-6首次飞行试验在陕西阎良进行。轰-6丁起飞后不久，本机开始剧烈振动。经过分析确认，由于飞机弹仓开口改大，导致飞机速度增大时机身刚度下降，后重新设计了弹仓口，随后进行的飞行试验都正常了，空中模拟燃料放泄试验也取得了成功。1981年，火控系统装机精度试验成功。同年，在导弹海上飞行试验中安排了模拟带飞试验，即按下投弹按钮后不投弹，其他动作完全按实投弹程序进行。

1982年，"鹰击"-6进入全武器系统研制性海上飞行试验，6月19日，首枚"鹰击"-6导弹由轰-6丁低空发射，直接命中靶标；1984年，"鹰击"-6以4发4中完成定型试验，随后投入生产；1986年正式设计定型（出口编号C-601），次年进入中国海军航空兵序列。

"鹰击"-6沿用了"海鹰"二号的气动外形，中段采用惯性制导，末段制导为一部X波段单脉冲雷达。导弹全长7.36米，直径0.76米，翼展2.4米，全重2440千克，使用510千克的半穿甲战斗部（"海鹰"二号则为聚能爆破战斗部）——这也是我国目前装药量最大的空舰导弹。其动力为液体火箭发动机，无助推器，有效射程105～110千米，命中率达90%。

后来，"鹰击"-6的动力装置、电气系统和末制导雷达又进行了改进，并换用新型高能燃料，射程增至200千米。这一新型号被命名为"鹰击"-61，出口编号C-611。轰-6丁经改进后，可通用"鹰击"-6和"鹰击"-61，挂载方式仍为左右翼下各1枚。

在2005年举行的中、俄联合军事演习中，一种名为"鹰击"-63的空地导弹首次公开亮相。从画面上判断，该型导弹使用的是电视加指令制导，并沿用了"鹰击"-6的基本外形，但使用了X形尾翼。从弹腹的漏斗形进气道判断，应是以涡喷或涡扇发

"鹰击"-63空地导弹

动机为动力，由此推测导弹重量大幅度减轻后，机翼下的携弹数量将增至4枚。从之前"上游"、"海鹰"系列推测，其射程不止演习中的"数十千米"。

3.2 "鹰击"大洋——中国新一代反舰导弹

一直以来，飞航式导弹使用的液体火箭发动机饱受中国军队的诟病，这是因为液体燃料发动机发射前的准备工作及平时保养工作十分烦琐。特别是对于舰载反舰导弹来说，存在液态燃料对燃料箱腐蚀的问题，这在很大程度上限制了战舰的航行时间。而对飞机搭载的空对舰型的反舰导弹来说，燃料只有在挂到飞机上之后才能进行加注，这就大大延长了准备时间。因此，很长一段时间，我国科研机构对固体燃料火箭发动机曾投入非常高的热情，始于1975年的"上

游"二号（固）便是出于对固体火箭发动机导弹的追求而产生的一个方案。而在此之前，一个远比"上游"二号（固）更早的型号已经先行上马了。

考虑到当时轰-6丁轰炸机仍隶属空军序列，海军航空兵部队还未批量装备，因此，存在跨军种作战不灵活，无法把握战机的缺点；同时由于轰-6丁轰炸机备航时间长，对地面设施要求高而不能配置在简陋的沿海小型机场。于是海军航空兵在1970年向三院提出研制小型超音速空对舰导弹，用于装备海军航空兵编制下的强-5攻击机。

新型反舰导弹要求有效射程不小于50千米，命中目标瞬间速度不低于2马赫，全弹重量则要求控制在700千克之内。三院在于笑虹院长的组织下，集全院力量展开论证，对海航的要求进行研究。由于当时的技术水平无法完全达到要求，作为部队要求和技术可行性的折中方案，课题组确定走"一弹多用、分步发展"的路子。先舰舰导弹、后空舰导弹；先近程、后增程。这便是内部称为"上游"三号的型号由来。

"鹰击"-8反舰导弹

1973年，三院上报"上游"三号反舰导弹总体方案。实际上当时导弹已经造出了实物，并已经开始进行了一些试射。导弹以舰舰型为基本方案，射程37千米（计划增至50千米），重700千克，采用高亚音速低空飞行模式，动力为一台串联式固体火箭助推器和一台固体火箭发动机。

就从外形来看，"上游"三号反舰导弹与后来的"鹰击"-8系列反舰导弹家族相差无几。1974年，根据海军"先搞空舰弹"的要求，三院对原方案进行了一系列修改。同年9月，海军下达"论证50千米导弹任务的通知"，要求新型导弹必须满足重量低于650千克、射程50千米两项要求。由于受当时国内工业和科研基础的限制，"上游"三号的研制工作遇到了若干设计上的瓶颈而趋于停滞。到1976年，研制工作已完全陷于停顿。

不过，随着1978年中国拉开改革开放的大幕，不仅让世界了解了中国，更让中国看到了世界。原先因为种种技术原因或者理念问题而搁置下来的科研进程，又有了新的希望。

当时还名不见经传的法国"飞鱼"反舰导弹也随之进入了中方的视线。与之前的其他交易一样，最初"飞鱼"导弹的交易进行得顺利无奇，法国就像以往的武器出口一样，列出了"飞鱼"导弹的系列表，并拿出了产品的说明书。而"飞鱼"反舰导弹的说明书给了设计人员以极大的启发："飞鱼"反舰导弹的控制部分在当时最大的优点就是模块式总线连接、电路局部集成、单元固化、预留测试窗口；制导部分也是前后分置，主控系统与陀螺组几乎组装到了一起；舵机控制连杆十分简洁，公差为零，关键是材料绝对特殊；单脉冲雷达，取消了波导分配器，前置部分小了很多；天线取消了扫描电机；无线电高度表直接与高度控制陀螺相连，

法国"飞鱼"反舰导弹

陀螺组为静电陀螺，反应极其灵敏，亚音速水平飞行，最低飞行高度可设为3米；无线电高度表可探测航路安全，避开障碍按预设航路飞行；各单元反馈精度极高，响应灵敏；单脉冲波束加密，解决了无线干扰；目标选择、锁定都有预设的目标比对；从惯性导航模式转为攻击模式，雷达工作时间不超过30毫秒；晶体材料是主要器件材料，温度相应稳定……以上种种优点让三院的科研人员耳目一新。

同样，法国的军工人员在接触到"上游"三号后也大吃一惊，"上游"三号反舰导弹和"飞鱼"实在是太接近了，以致他们怀疑是"中国间谍窃取"了他们的技术。不过，这从侧面也验证了中国专家在当时制定的"上游"三号导弹的理论设计、总体思路都是正确的。

在接触了一段时间之后，有关"飞鱼"反舰导弹的交易也遇到了问题——法方的要价是中方所无法负担的。更重要的是，我国需要的仅仅是通过交易来解决某些子系统的问题，而法国人则要求中方只是简单地购买成品。就这样，关于"飞鱼"反舰导弹的谈判被搁置了起来，但之前"上游"三号反舰导弹所面临的一系列瓶颈，却在这一过程中得到了解决。

1977年9月，修改后的总体方案正式被批准，同时命名为"鹰击"-8空对舰导弹。1978年8月，海军及科研单位对强-5攻击机挂"鹰击"-8

强-5攻击机

导弹的系统方案进行审定。然而，强-5攻击机的改型机研制却十分不顺利，配套的火控系统始终无法完成。之前，强-5攻击机前部雷达罩内的火控雷达都是以配重来代替的。所幸此后"鹰击"-8改作舰对舰反舰导弹继续研制，总参国防科工委提出在033型潜艇基础上改建飞航导弹潜艇，后又提出为024型导弹艇装备"鹰击"-8导弹，这才最终使得"鹰击"-8没有因载机问题而夭折。

"鹰击"-8反舰导弹采用高亚音速超低空飞行模式，速度0.9马赫，平飞段高度设定为20～30米，二次降高后为5～7米。动力为串联式固体火箭助推器加固体火箭发动机，导弹直径0.36米，舰对舰型全重815千克。由于弹内空间狭小，原用于"上游"、"海鹰"系列的电子管和机电设备显然无法安装上去，因而最终的设计方案中，重新设计了以模拟计算装置为核心的自动驾驶仪和更为精确的无线电高度表，并采用了精确数字定时器、具备抗干扰能力的单脉冲末制导雷达。

除此之外，固体火箭巡航发动机是改进型反舰导弹的一大亮点。使用固态燃料的"鹰击"-8反舰导弹，发射前准备时间仅仅是使用液态燃料的"上游"、"海鹰"的三十分之一。固体火箭发动机对推力要求不大，但必须能持续稳定工作100～200秒，难点在于准确控制燃烧表面及可靠的防热措施。其中，对于固体火箭发动机而言，如果推进剂成分及喷管喉部面积不变，推力的大小就决定于药柱燃烧的表面积。小推力、长续航时间意味着药柱的大部分需要包覆起来，仅一小部分表面积参与燃烧，且对药柱的包覆要绝对可靠，即使是很小的脱粘表面，对小推力发动机都可能造成明显的推力爬升问题。

固体火箭发动机无法像液体火箭发动机那样，对受热构件进行冷却，只能以隔热的方式来处理，而长续航时间将导致受热时间延长，使得问题更为突出。"鹰击"-8反舰导弹的巡航发动机分为装药燃烧室、尾管及点火器三部分。主装药是实心药柱，为低含铝量聚硫复合药剂，其侧面和前段用富有弹性的轻质材料以专门工艺包覆。弹体内部粘贴有橡胶、石棉、树脂组成的柔性绝热层，在巡航发动机工作结束后，弹体温度不超过100℃。尾管则由难融金属钨制成，从而避免了使用昂贵的炭—炭烧蚀材料。

相比"海鹰"和"上游"系列反舰导弹510千克的巨大聚能爆破战斗部，"鹰击"-8反舰导弹的整体全重才815千克。为保持足够的对目标的毁伤能力，"鹰击"-8反舰导弹最终采用了重165千克的半穿甲战斗部，其中很大一部分重量来自钨钢壳体的重量，以保证导弹可以顺利穿透目标舰壳。弹上还安装了电子、机电两套延时引信，以确保导弹进入目标后爆炸。此外，在战斗部处安装有防跳爪，用以保证穿透效果。

1978年12月，"鹰击"-8反舰导弹开始在锦州23基地进行试验，此前共制造了样弹9批共21枚。1984年10～11月，由于033G型飞航导弹潜艇的进程滞后，"鹰击"-8反舰导弹首先在024型导弹艇上定型试验。1985年4～5月，033G型潜艇水面发射"鹰击"-8反舰导弹试验获得成功，为日后水下发射战术导弹取得了宝贵的经验。随后，"鹰击"-8反舰导弹于1987年设计定型。

由水面舰艇发射的"鹰击"-8反舰导弹

早在1981年12月，海军决定首先将"鹰击"-8反舰导弹装备当时建造的新型导弹护卫舰。1982年6月25日，装备"鹰击"-8反舰导弹的535、536两艘护卫舰被定名为053H2型导弹护卫舰。事实上，这也是中国海军仅有的两艘装备"鹰击"-8反舰导弹的大型水面战斗舰只（所谓的C-801则是这一型号的出口型，它被出口到多个国家）。

此后不久，出现了"鹰击"-8反舰导弹的改进型"鹰击"-8A，射程增加到85千米。1987年，166号导弹驱逐舰和537号导弹护卫舰开始率先装备"鹰击"-8A反舰导弹。之后"鹰击"-8A全面装备新一代驱护舰及导弹艇，成为20世纪90年代中国海军的制式装备。

不过，令人遗憾的是，最初设定为"鹰击"-8空舰型载机的强-5攻击机改进型最终没有出现，而与"鹰击"-8反舰导弹差不多在同一时间上马的歼轰-7型战斗轰炸机在经历了一系列波折之后，最终进入海军序列，成为"鹰击"-8空舰型的载机。空射型"鹰击"-8反舰导弹省略了舰射型的串联助推器，射程增加至50千米，歼轰-7可一次挂载4枚。在1996年台海军演中，这

出现在"鹰击"-8/8A和"鹰击"-83之间的C-802是出口型岸舰导弹，到目前为止在中国海军序列中还没有其对应的自用型号。C-802的研制时间应是在前述两个系列之间，主要改进在于以涡轮喷气发动机取代固体火箭发动机作为巡航动力，由于增加了油箱和油路，弹体被加长，后部进行了重新设计。改进之后的C-802与C-801相比，全重降至715千克，射程则增加到120千米。

C-802反舰导弹

种弹机组合首次亮相。若干年之后的中、俄联合军事演习中，潜射型"鹰击"-8反舰导弹首次露面，由新型常规动力潜艇在水下发射，导弹是从鱼雷发射管通过水下运载器发射的。

而在三院开始"鹰击"-8反舰导弹研制之前，1969年，在鲍克明、刘兴洲的主持下，31所利用已有的预研成果研制出了首台冲压发动机，并进行地面试验600余次。而在更早的1957年，派往苏联的中国技术人员已经了解到苏联当时正在研制SS-N-3"沙道克"远程超音速反舰导弹，这加深了中国同行对超音速反舰导弹的认识。在1965年4月召开的国防部五院首届年会上，钱学森、梁守槃提出在中程反舰导弹上使用冲压发动机的设想，这是中国有据可查的第一个关于超音速反舰导弹的设想。

1971年9月，海军批准了研制冲压发动机低空、超音速导弹的总体方案。导弹采用鸭式气动布局，动力装置由两级组成，第一级为两台并联的固体火箭助推器，第二级为对称布置的两台冲压发动机，外置于弹身两侧。导弹全长7.5米（舰载型）和6.5米（机载型），直径0.54米，重1850千克（舰载型）和1500千克（机载型），有效射程45千米，弹上装有小型单脉冲制导雷达

"鹰击"-1型反舰导弹

和无线电高度表，采用300千克半穿甲战斗部。之后新型导弹被命名为"鹰击"-1型反舰导弹。

最初设定的发射平台是水轰-5型水上飞机，携带方式为翼下挂载2枚，后由于水轰-5发展不顺利，载机换为歼轰-7型战斗轰炸机，挂弹数量仍为2枚。"鹰击"-1空舰型导弹的作战过程为，发射后首先由助推器加速至1.8马赫，之后助推器与二级弹体分离，导弹开始降低飞行高度，冲压发动机开始启动，最终在50米高度进入平飞，速度2马赫。而在最后的攻击阶段，飞行高度将进一步下降至距海平面5米，直至命中目标。

1978年，"鹰击"-1反舰导弹开始进入飞行试验，试验中暴露出了一系列问题，但都先后得以解决。1985年，导弹自控飞行已基本成功，之后两次陆上试射均直接命中靶标，因此以地面发射方案来作为鉴定试验。后又在024型导弹艇上进行了一系列海上试验。

在"鹰击"-1项目获得批准后一个月，一种体积更大的超音速岸舰导弹的总体设计方案也被批准，项目定名"海鹰"三号反舰导弹。全长增至9.85米，直径0.76米，全重达3400千克；第一级发动机为四台并联的固体火箭助推器，射程达130千米；飞行弹道和"鹰击"-1基本相同；使用与"海鹰"二号反舰导弹类似的512千

"海鹰"三号反舰导弹

克聚能爆破战斗部。"海鹰"三号反舰导弹在设计中使用了大量"海鹰"二号反舰导弹的成熟技术，弹体窗口位置大致相同，在最初的试验中还利用了"海鹰"二号反舰导弹的地面设备。但总体而言，"海鹰"三号反舰导弹的研制毕竟脱离了过去苏联的设计规范。

不过，由于当时"海鹰"二号已经开始大批量装备岸防部队，于是在1981年1月13日召开的计划工作会议上，传达了张爱萍副总理"三号弹暂不列入型号研制"的批示。同年8月14日，国防工办下达了《关于停止研制三号弹的通知》。

1986年，"海鹰"三号反舰导弹项目实际上已完全终止，转为技术储备。此后，曾以C-301反舰导弹的名称试图向国外出口。与此相对，"鹰击"-1反舰导弹也在以C-101的名称作同样的努力。但从后来的情况看，这种推销并不理想。

最终出现在世人眼前的国产超音速反舰导弹成果应该是在2015年9月3日，隆隆驶过长安街的"鹰击"-12超音速反舰导弹。该型导弹采用了中国最先进的一体式冲压发动机，分别布置在弹体四周，导弹的弹翼采用了可以折叠的"X"形布局，导弹弹头采用了略尖的气动外形。

"鹰击"-12反舰导弹采用的是"北斗"卫星制导加末端宽频主动雷达引导系统，具有极高的命中精度。这

"鹰击"-12超音速反舰导弹

种导弹发射后先爬升到一定高度的高空，通过数据链接收己方预警雷达的第一次目标参数确认，制导系统将参数发送给飞行控制系统后，导弹开始下降飞行高度并进入低空巡航状态静默飞行，速度为1.5马赫，高度12～15米。"鹰击"-12反舰导弹重量在2吨左右，弹长约7米，飞行速度可达2马赫，射程大约在200千米。"鹰击"-12如果集中进行"饱和攻击"，破坏力将更加惊人。

3.3 "红旗"漫天——中国舰空导弹发展史

自1940年英国海军以舰载机空袭意大利塔兰托港得手后，来自空中的威胁就成了各国水面舰艇的梦魇。抗战时期，中国海军为数不多的几艘水面舰艇大多惨遭日军空袭"毒手"，从珍珠港打到中途岛的太平洋海战，每一场战役也都是舰载机唱主角，几乎完全验证了法国飞行先驱阿代尔的预言——"谁掌握天空，谁就拥有世界"。

然而在1948年，美国海军"威奇塔"号重型巡洋舰上，一种叫作"小猎犬"的导弹发射系统开始试装，其弹体垂直贮存于甲板下方，采用双联装回旋发射，这也是世界上最早的舰空导弹系统。尽管最初每30分钟1发的发射速度慢似蜗牛，但它标志着水面舰艇不再只是

美国"小猎犬"舰空导弹

依靠火炮进行防空作战。以此为发端，从20世纪五六十年代美国"3T"舰载防空导弹系统（"黄铜骑士"、"小猎犬"、"鞑靼人"），苏联的"海浪"、"风暴"、"奥萨"，到英国的"海猫"，舰空导弹家族迅速蹿红。这些舰空导弹逐渐取代传统高炮，成为海军舰艇对抗空中威胁的有效防御利器。

此时，人民海军尚处于近岸防御的海上游击战时代，建设刚刚起步，目标只是在近海巡逻，以收复国民党占领的岛屿为主要作战目标。当时人民海军装备的舰艇以轻型为主，至于投入高、周期长的中型水面舰艇，自然排在发展末位。当时国外那种只有大中型舰艇才能承载的第一代舰空导弹，新中国从技术到平台，从装备到人才，各个方面都不具备。好在当时作战任务也相对单一，在执行反封锁、反袭扰以及解放沿海岛屿的近岸战斗中，水面舰艇的防空任务完全可以由陆基起飞的战斗机来执行。

从20世纪70年代开始，随着世界各国反舰导弹的陆续装备，低空突防、电子干扰等新的战术手段层出不穷，国外第二代舰空导弹开始发展相应的低空反导能力。这时的人民海军只是初步具备近海活动能力，而水面舰艇的对空武器只有高炮，舰空导弹方面还是一片空白。与此同时，所承担的作战任务却开始扩容，保卫海洋国土的潜在需要开始出现，舰艇防空要求大大提高。

尽管中国海军在1974年西沙海战中以劣胜优，但从防空角度看来，这次胜利多少带有一定的侥幸色彩。仅凭当时的中国空中力量，无力为执行任务的海军编队提供西沙上空防空安全的保障。如果当时南越出动空军发起攻击的话，中国西沙战区舰艇将面临严重的空中威胁。因此，作战舰只的空中安全开始成为无法回避的严重问题，舰空导弹的研发、装备需要尽快提上议事日程。

其实早在1965年，人民海军就打算在65型护卫舰的基础上发展053K型防空护卫舰。其基本任务是在中近海执行护渔护航任务，并在战时担负对空掩护和支援导弹艇及鱼雷艇作战。两年后，军委做出决定，将正在进行研制的"红旗"-61地对空导弹转为舰对空导弹，命名为"海红旗"-61，列为053K的主战装备。最初的设想是：舰艏、艉各1座7231型"海红旗"-61舰空导弹发射装置（各含弹库及12枚备弹）以及ZL-1照射雷达、ZH-1指挥仪和火控设备等，再加上主副炮、反潜配置。以当时的技术标准来看，排水量1600吨的053K型导弹护卫舰如能按期满装服役，凭着全面的武器装备，清晰的火力层次，绝对称得上是一款成功舰艇。专司防空任务的053K型导弹护卫舰与负责反舰的051型驱逐舰相配合，战斗能力将非常可观。

以当时中国的工业水平，设计护卫舰舰体问题还不大，但是几乎同步设计舰载防空导弹却难免超出国家自身的工业能力

7231型"海红旗"-61舰空导弹发射装置及"上蹲"在发射架上的"海红旗"-61舰空导弹

了。从1966年开始设计的7231型导弹发射装置就多走了很多弯路，起初为双联装下挂式发射架，后来又提高论证指标，提出一款三联装上蹲式发射架、18枚备弹、垂直贮藏装填的方案，并进行了一年半的设计。后来发现053K舰的排水量太小，如果硬上三联装和18枚弹，则舰体重心将要大大升高，只好把该方案推倒重来，最

后设计定型了双联上蹲式发射架、12枚备弹、高低方向瞄准、横纵向双向稳定、链式供弹的发射装置，这才最终解决了舰空导弹发射架、舰空导弹装填与储存的问题。

而在舰空导弹方面，地对空导弹转舰对空导弹的艰难远远超过了最初的设想。海上作战环境与陆地差异颇多，不仅工作环境非常恶劣，还要考虑到海上温度和湿度的变化，海上盐雾对装备的腐蚀、舰艇摇摆、震动和电子设备辐射的影响，并且在舰空导弹发射时，发动机高温尾焰对舰上装备、人员的影响等一系列难题都要从头入手。

种种原因再加上"文革"的冲击，使"海红旗"-61舰空导弹的研发一拖再拖。1975年3月，053K型导弹护卫舰首舰531号完成一期工程并交船。同年，"海红旗"-61开始上舰试验，这意味着中国海军舰空导弹的上舰时间比美国晚了27个年头。两年后的1977年，531舰的姊妹舰完工交船。

但与此同时，"海红旗"-61舰空导弹却还没有进入最后定型及批量生产阶段，光走完这一个过程就花了整整十年的时间。直到1986年才在降低指标要求的情况下，完成了设计定型和海上飞行及射击试验。"海红旗"-61舰空导弹采用半主动寻的制导、固体火箭发动机、连续波雷达导引头、半主动引信和制导引信、小型化自动驾驶仪、液压操纵、链式战斗部、单脉冲跟踪与连续波制导雷达、稳定平台、回转式弹库、双联装随动发射架、导弹自动化检测等技术，重量尺寸接近美国早期的"海麻雀"舰空导弹，弹长3.99米，直径0.28米，翼展1.166米，弹翼为不可折叠，导弹发射重量300千克，最大速度3马赫，有效射程10千米，射高8千米。

但是，此时已是"海红旗"-61舰空导弹开始研发20年后的20世纪80年代了，531舰也已经服役了整整10年，532舰则因在水中泡的时间太久，已提前退役了。国外舰空导弹已经开始向第三代发展，原先性能就很一般的053K型导弹护卫舰此时已更显落伍，531舰因此成为中国第一代防空护卫舰的孤独绝唱。

不过，相对于532舰提前退役、拆解回炉的命运，531舰幸运多了。531舰于1988年参加"3.14"中越赤瓜礁海战并击沉越方505舰。战斗结束后，531舰还受命做好防空准备，以防对手空中报复。随后，人民海军挟战胜余威，又接连收复其他6个岛礁，从此打下了中国海军在南海的立足之地。531舰也因此成为功勋舰，退役后进入青岛海军博物馆，在那里诉说着中国第一代防空护卫舰的故事。

尽管053K型护卫舰未能批量投产，但它毕竟解决了海军舰空导弹"从无到有"的问题，为此后在其他舰艇上装备防空导弹提供了宝贵的经验。从1992年开始，装备"海

青岛海军博物馆内的531号
导弹护卫舰

红旗"-61舰空导弹的新一代中国国产护卫舰053H2G终于在上海沪东造船厂批量生产，先后建成539、540、541、542四舰。同531舰双联上蹲式发射架不同的是，053H2G在主炮之后配置六联装圆形导弹发射筒，导弹发射筒分上下两排，可回转俯仰，每个发射筒长4米，直径1.35米，刚好可以容纳一枚弹翼未折叠的"海红旗"-61舰空导弹。

不过，"海红旗"-61舰空导弹毕竟是中国第一代舰空导弹，只能代表20世纪60年代的技术水平，在技术性能上存在很多不尽如人意之处。如，射程较短、反应较慢、多目标应对能力差，同20世纪90年代的"标准"系列、"里夫"等远程舰空导弹相比，已是明显落后。现代化进程中的中国人民海军对现代化的舰空导弹需求更加迫切。

053H2G型导弹护卫舰上配置的六联装"海红旗"-61导弹发射筒

其实，就在053H2G护卫舰建成前的1991年，051型导弹驱逐舰中的"开封"号已经开始加装一套八联装防空导弹系统以及配套的电子火控设备，提前验证了人民海军新一代水面舰艇装备舰空导弹的技术。

1994年，一艘舷号为112的新型导弹驱逐舰在上海江南造船厂下水服役，这就是后来被称为"中华第一舰"的052型导弹驱逐舰"哈尔滨"号。该舰的整体面貌较以前的051型导弹驱逐舰已焕然一新，已经赶上西方20世纪80年代初期的水平。所装备的舰空导弹，正是三年前"开封"号上改装的"海响尾蛇"舰空导弹系统，这套舰空导弹系统具备自动装填能力，无线电指令加光电复合制导。备弹26枚，弹长3米，弹径156毫米，翼展0.55米，导弹的战斗部重14千克。至此，中国人民海军舰空导弹家族又增添了一名新成员。

法国汤姆逊CSF公司的拳头产品"海响尾蛇"舰空导弹系统，在性能上属于较先进的一种近程舰空导弹，除具有较强的防空能力外，对反舰导弹也具有较强的拦截能力。"海响尾蛇"舰空导弹系统的引进和消化，使国产近程导弹系统告别了既大又重的"海红旗"–61舰空导弹，从理念上和技术上都得到了很大提高。

我国的科研部门在引进"海响尾蛇"舰空导弹系统基础上又进一步发展，研制成功了"海红旗"–7导弹系统。该系统的性能和可靠性超过了原来的"海响尾蛇"舰空导弹系统：最大速度2.6马赫，飞行高度30～6000米，有效射程700～15000米，系统反应时间6～10秒，杀伤概率为70%。其杰出的近程反导能力在世界同类舰空导弹中也遥遥领先，因此一经装备，便迅速取代

正在发射的"海响尾蛇"舰空导弹

"海红旗"–61舰空导弹，成为中国海军的主力舰空导弹。

从"哈尔滨"号的姊妹舰"青岛"号（舷号113），1995年12月在大连红旗造船厂开工建造的"深圳"号（051B型，舷号167），到20世纪90年代后期大量建造的052H3型导弹护卫舰，再至2003年下水的首批两艘054型隐形导弹护卫舰，装备的舰空导弹都是"海红旗"–7舰空导弹系统。

1999年12月25日，中国海军一艘舷号136的原俄罗斯"现代"级导弹驱逐舰"杭州"号加入东海舰队，一年后其姊妹舰"福州"号也建成服

正在发射的"海红旗"-7舰空导弹

役。这两艘舰艇是1996年12月中俄定下的引进合同，在当时，中外舆论都为此几近沸腾，几乎所有的眼球都聚焦在它们前部的两座四联装重型超音速反舰导弹上，一时间"航母杀手"、"海上堡垒"之称漫天飞舞，但对于舰上的两座"无风"中程舰空导弹反应却冷淡异常，丝毫没有意识到"现代"级舰上的"无风"中程舰空导弹将使中国海军具备舰队区域防空能力。

"无风"(Shtil，也音译为"施基利")舰空导弹属于中程防空导弹，是陆基"山毛榉"M1(SA-11)地空导弹系统的舰载型，采用单臂发射架，分别布置在舰艏和舰艉。每个发射架下存储24枚导弹，弹长5.5米，弹径0.4米，翼展0.8米，速度3马赫，对飞机最小有效射程3.5千米，最大有效射程25千米，射高3～28千米，采用重达70千克的高爆破片战斗部、固体火箭发动机和全程半主动雷达制导；对导弹最小有效射程3.5千米，最大有效射程12千米。不仅能拦截以330米/秒速度飞行的亚音速导弹，而且能拦截以2.5马赫速度飞行的高速飞机和导弹。向同一目标发射2枚导弹时，对飞机的命中概率为81%～96%，对反舰导弹的命中概率为43%～86%，必要时还可以攻击水面目标。该导弹反应极其灵敏,从雷达告警到导弹发射，系统反应时间小于20秒,可在极短的时间间隔内发射多枚导弹。

两艘"现代"级导弹驱逐舰入役后，中国人民海军正为反"台独"军事斗争积极备战，主要研究海上封锁作战、登陆作战、岛屿攻防作战、打击机动编队等战术战法。如果从舰艇防空能力来看，尽管声名和威慑力不如世界顶尖的美制"宙斯盾"系统，但"无风"的各项性能指标与台海对岸的美制"标准"-1舰空导弹系统相差无几，同时在亚洲海军内也是一款非常优秀的中程区域舰空导弹。

"无风"中程舰空导弹

不过进口军舰数量太少，大量购入经济上又无法负担，更何况"金钱买不来现代化"这一观念深深地扎根在中国军人的心中。在2002年1月签订后继两艘改进型的"现代"级导弹驱逐舰的同时，也很快引进了相应的中程防空导弹技术，只不过这一次不仅仅只是安装在改进型的"现代"级导弹驱逐舰上，我们的目标是要安装在新型的国产导弹驱逐舰和护卫舰上。

从2002年5月开始，一款外形前卫的新型导弹驱逐舰052B型出现在上海江南造船厂的船台上。不过，舰上采用的是"无风"的升级版，北约编号SA-N-12，代号"灰熊"的舰空导弹系统。"灰熊"在射程和拦截掠海导弹的能力上有了进一步提高。

该系统的作战目标为飞机、战术弹道导弹、巡航导弹、战术空射型导弹、直升机和无人机。导弹采用半主动雷达末段寻的导引头，可进行惯性中段制导和数据传输弹道修正，动力装置为两级固体火箭发动机，弹长5.5米，弹径0.4米，发射重量710～720千克，高爆破片战斗部重50～70

千克，采用雷达近炸和触发引信，可承受30G的最大机动过载，最大有效射程40～50千米，最小有效射程25～3000米，最大有效高度22～24千米，最小有效高度5～15米，具备一定的反导能力。052B型导弹驱逐舰上配置了6部照射雷达，可以同"现代"级导弹驱逐舰一样，形成6个火力通道，可同时引导、拦截6个单独目标。

当两艘新型驱逐舰168、169舰下水服役后，随同之前进口的四艘"现代"级导弹驱逐舰（舷号从136至139）所构成的中程火力，再加上"海红旗"-7舰空导弹的近程火力，如此完善的舰队区域防空火力，在亚洲海域内绝对不容小视。人民海军在黄水海域内"近海防御"的战略任务终于能够完全胜任。

2003年4月，又有2艘新型052C型导弹驱逐舰在江南造船厂下水。其舰体设计与052B型导弹驱逐舰有很多不同的地方。国人盼望已久的舰空导弹垂直发射系统、相控阵雷达终于在舰上出现，立刻引发了国内外军事媒体的追捧，从每一项技术的猜想到每一个装备的细节，乃至命名及去向等，都成为热烈讨论甚至争吵的对象。

2004年底，两艘导弹驱逐舰（舷号170、171）建成服役。舰上装载八座六单元圆形垂直发射系统，形似俄制"里夫"-M舰空导弹（SA-N-

垂直发射的"海红旗"-9远程舰空导弹

6C）系统的旋转式结构。不过相较于"里夫"-M纷繁复杂的旋转发射，新型垂直发射系统可以直接通过发射单元内的高压气体将导弹"吹出"发射单元，这样就提高了舰空导弹的发射效率，并赋予导弹30～40米／秒的初始速度，再由导弹主发动机点火飞向空中目标。

如此先进的舰空导弹系统就是传说已久的"海红旗"-9远程舰空导弹系统，该型舰空导弹采用先进的捷联惯导/指令修正+末段主动雷达的制导体制，导引头抗干扰能力强，是一种全天候全空域的远程防空导弹系统。舰上的相控阵雷达能快速扫描跟踪，目标信息处理能力强，可以同时引导多枚导弹拦截多个目标，具有很强的抗饱和攻击能力。除拦截飞机、反舰导弹外，还具有一定程度的反弹道导弹能力。这是人民海军自创建以来第一次可由垂直发射系统发射的舰空导弹，终于赶上了世界海军强国的发展潮流。

2004年称得上是中国海军的新驱年。就在052C型导弹驱逐舰171舰完工不久，在中国东北，自"深圳"号导弹驱逐舰以后，许久没有建造新型驱逐舰的大连红旗造船厂也开工建造两艘051C新型导弹驱逐舰。虽然在船体设计上同"深圳"号几近相同，但舰上装载的防空导弹已不再是之前的"海红旗"-7近程舰空导弹，而是引进的俄制"里夫"-M舰空导弹系统——它是世界上最早实现装舰的导弹垂直发射装置，由陆基S-300F防空导弹派生而来，其使用的各项设备、导弹与陆基型大体相同，六座八单元圆形垂直发射系统，采用冷气弹射和独特的转轮式旋转垂直发射方式——这些特点都曾是苏联海军舰载防空系统的重要转折点。早期的"里夫"系统即可一次引导12枚舰空导弹，同时拦截6个来自任何方向、高度在20～26000米、距离75千米的空中目标。而改进版"里夫"-M舰空导弹系统最大射程扩展至150千米，可以稳定追踪战术弹道导弹。

2005年，黄埔造船厂的054A型护卫舰首舰530舰上安装了一种全新

"海红旗"-16中
程舰空导弹

的四座八单元方格状垂直发射系统，外形接近美制MK41、法制"席尔瓦"垂直发射系统，这就是中国海军另一种新型的"海红旗"-16中程舰空导弹系统。

该型舰空导弹导引头采用半主动雷达导引，有效射程3～55千米，舰上装载4部MR90火控雷达，可以同时引导8枚导弹迎击空中目标，防空技术水准明显优于日本海上自卫队同期装备的"村雨"级通用型导弹驱逐舰，全面领先于中国台湾地区的"康定"级护卫舰。正是由于"海红旗"-16导弹系统卓越的性能水平，同以往国产导弹护卫舰相比，无论是舰空导弹数量，还是射程、反应速度，054A型导弹护卫舰的防空能力都是最强的。

而在2011年开始大量建造的056型轻型导弹护卫舰上，安装有一种类似美国海军"拉姆"舰空导弹的发射装置。该型舰空导弹就是"海红旗"-10舰空导弹武器系统，可有效拦截各种类型的反舰导弹，对付海上、空中和陆地对舰艇发起的饱和攻击。"海红旗"-10为自用型号，FL-3000N为出口型号。

"海红旗"-10舰空导弹武器系统组成简单，主要包括武器控制平台、发射系统和导弹。发射系统配装

24发导弹，可提供持续的火力打击。发射系统也有18联装、12联装、8联装和4联装四种形式，适应不同舰艇的装载需求。现已装备056型轻型导弹护卫舰，"辽宁"号航空母舰。同时也被用于替换053H3型护卫舰上的"海红旗"-7舰空导弹。

24联装"海红旗"-10舰空导弹发射器

"海红旗"-10舰空导弹速度高、重量轻、反应快、制导精度高，可有效拦截各种超音速和亚音速掠海反舰导弹。"海红旗"-10舰空导弹采用被动雷达+红外双模制导方式，对海最大拦截距离为9千米，具备多发齐射能力，间隔时间不超过3秒。导弹发射后锁定目标，发射后不管，强大的火力可同时对抗多个目标的饱和攻击。"海红旗"-10舰空导弹系统完全胜任海军在复杂环境下对抗多平台作战的要求，满足当前和未来战争的舰艇自卫防御的需要。

从"海红旗"-61到"海红旗"-7，从现代级上的"无风"到最新的"海红旗"-9、"海红旗"-16和"海红旗"-10，中国舰空导弹家族伴随着人民海军的现代化进程一路走来并茁壮成长，与世界先进水平已经站在了同一起跑线上。相信在不久的将来，搭载着各型"海红旗"舰空导弹的中国驱护舰必将护卫着高高飘扬的八一海军旗，走向远洋。

3.4 后起之秀的中国反潜导弹

中国的反潜鱼雷技术最早来源于欧洲，并参考了美国MK46鱼雷的技术研究成果。经过多年的努力，现在已经实现了轻型自导鱼雷的自主研制和装备改进。而反潜导弹的装备技术难度并不算大，只要拥有轻型自导鱼雷和火箭技术，就可以组合成弹道式反潜导弹，并且还可以利用反舰导弹弹体，组成飞航式反潜导弹。

中国海军在20世纪90年代研制反潜导弹时，海军远程反潜搜索装备存在的性能限制，成为制约这一技术发展的关键。中国海军如果按照美国RUR-5A的技术指标来发展反潜导弹，20世纪90年代后期即可实现装备反潜导弹的目标。但当时国外潜艇鱼雷技术远超过RUR-5研制阶段的技术，10千米射程的反潜导弹实战价值并不大，也不比反潜鱼雷直接从舰上发射的效果好多少。

依托中国海军装备技术近20年的快速发展，反潜装备性能有了极大的提高。高性能声呐和反潜直升机的应用，为中、远程反潜提供了技术和装备保证。反潜导弹的作战范围在反潜鱼雷和直升机之间，也成为中国海军反潜战体系发展的重要目标，而新型反潜导弹的出现则是这方面努力所取得的阶段性成果。

中国海军目前装备的轻型反潜鱼雷是一种与A-244S和MK46同样的采用324毫米口径的轻型制导鱼雷，能够采用舰载鱼雷管发射，也可以由反潜巡逻机、直升机投放，目前又成为反潜导弹的前段，已经实现了较标准的多平台通用化。

而早期曾在国内媒体上出现的"CY-1"（长缨）反潜导弹是一种外形和结构与RUR-5A类似的导弹武器，它也采用了轻型鱼雷作为战斗载荷，但这种导弹并不能满足中国海军的要求。新型反潜导弹是在"CY-1"（长缨）反潜导弹基础上改进的型号，虽然没有放弃用"鹰击"－8反舰导弹发射箱装载的要求，但以适应054A导弹护卫舰垂发系统为基本目标，弹体外形也与美国的RUM-139A相似。按照

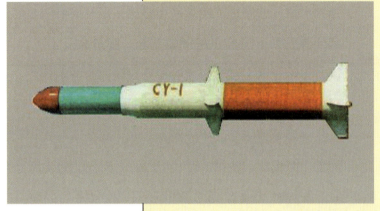

"CY-1"（长缨）反潜导弹

054A导弹护卫舰垂直发射系统的外观，结合国外同类导弹武器中类似型号的性能，可以对新型反潜导弹的综合性能有一个比较粗略的估计。

国产新型反潜导弹采用的是垂直发射装置内热发射的方式，导弹整体结构类似于美国的RUM-139A反潜导弹，采用了与其相似的弹道设计。导弹在垂直发射后按照程序转向目标方向加速，火箭发动机燃烧完后导弹依靠惯性到达弹道最高点，依靠控制面保证弹体稳定并进入弹道下降段，在接近目标预定位置后鱼雷战斗部脱离，鱼雷由降落伞减速并以接近垂直的状态入水。

正在垂直发射的RUM-139A反潜导弹

因为采用弹道式飞行方式的控制，有效修正范围的直径不会超过射程的10%，弹道式飞行轨迹的有效射程还要受到发射方式和弹道高度的限制。考虑到如果飞航导弹可以选择"鹰击"-8反舰导弹的弹体，那么不仅射程可以增加到55～70千米，飞行修正范围也可以提高到±30°。如果从导弹入水位置的修正范围来进行对比，飞航式要明显高于弹道式。正是考虑到导弹发射后可修正范围的差异，弹道式反潜导弹也被称为火箭助飞鱼雷，飞航式则更接近普通战术反舰导弹的技术条件。飞航式反潜导弹的远程修正效果优于弹道式，但如果以空投反潜自导鱼雷入水后的搜索方式，以及反潜导弹的作战效能作为依据，那么飞航式相比弹道式并没有明显的优势，而成本、发射装置和结构的复杂程度则要高得多。

"冷战"中期，苏联和欧洲国家反潜水面战舰普遍使用的是弹道平直的飞航式反潜导弹，反潜鱼雷大都挂在导弹动力段的下方。苏联海军装备的SS-N-14也采用飞航导弹，弹体尺寸虽然远大于西方国家同类导弹，同时还具备反舰作战功能，但在弹体下挂载鱼雷的方式却相差不多。SS-N-14依靠固体火箭发动机可达到55千米的射程，其战斗部不仅是一枚反潜鱼雷，弹体上还装有红外导引头和350千克爆破战斗部。

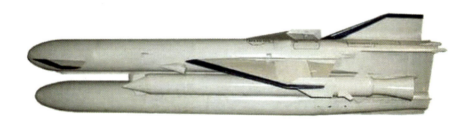

苏联海军SS-N-14反潜导弹

欧洲较新研制的"米拉斯"反潜导弹采用飞航导弹结构，但应用了"奥托马特"反舰导弹的弹体和动力段，采用火箭助推增速并由涡喷发动机作为巡航动力，并将鱼雷装到弹体前端以缩小截面尺寸。"米拉斯"的弹体长度为6米，直径0.46米，全重800千克，有效射程可达55千米，采用中段指令加惯性导引和末段白导鱼雷自主搜索的方式。"米拉斯"飞航导弹的射程较大，弹体布局比较简约、规则，能使用"奥托马特"反舰导弹的发射装置，技术水平优于"冷战"时期的飞航式反潜导弹。

中国海军拥有"鹰击"-8反舰导弹和轻型反潜鱼雷，发展飞航式反潜导弹的基础条件较好，但从海军装备技术发展的现实情况看，弹道式导弹只需要很小面积的弹翼，体积小巧的弹道式弹体布局更适合垂直发射方式，也可以兼容到倾斜发射装置中，

正在进行发射试验的"米拉斯"反潜导弹

还能作为潜艇水下发射的远程反潜武器。

反潜导弹的战斗部采用反潜鱼雷，火箭本身只起到增加鱼雷射程的作用，最终攻击潜艇的效能仍然取决于鱼雷。按照现有的反潜导弹技术条件看，导弹接近目标时鱼雷脱离、减速落水，落点位置与潜艇位置必然存在差距。潜艇在导引头作用范围内才可以形成攻击条件，如果落点位置与潜艇的距离、声呐扫描范围有一定的距离，那么潜艇很容易就会脱离导引头的搜索范围，致使反潜导弹战斗部失去攻击潜艇的条件。并且，反潜导弹有效射程越大，修正误差的难度也就越大，体系配套也就越严格。

中国海军054A型导弹护卫舰是海军编队反潜作战的主要力量，一旦装备射程在20～30千米的新型反潜导弹，那么舰上搭载的直9C反潜直升

机在执行巡逻反潜任务时就可以仅挂载1枚鱼雷，或者完全不挂载鱼雷执行搜潜任务，通过轻载来扩大直升机搜索潜艇的活动半径。直升机在获取潜艇目标位置信号后，可以通过数据链向载舰发送目标定位数据，由载舰向目标发射反潜导弹，并通过直升机传递的运动位置变化信息，对飞行中的导弹进行中段修正，保证其战斗部入水点靠近潜艇位置，以增强对潜艇的命中率。

054A型导弹护卫舰上垂直发射的新型反潜导弹

新型反潜导弹装备054A，可以在编队外圈承担机动防御任务，可以跟随直升机前出逼近潜艇的目标海区，更有利于发挥反潜导弹的射程优势，在敌方潜艇对编队核心战舰构成攻击条件前压制其作战行动。

中、近海作战时，由于水声环境复杂，潜艇自主搜索定位中型战舰的距离约为30千米，与现代反潜导弹的有效射程基本相当。水面舰艇如果与航空反潜系统相配合，在近海的潜艇作战中就较容易获得情报优势，也有条件获得对潜艇攻击的主动权。新型反潜导弹的装备提升了中国海军反潜的综合作战能力，完善了海军编队区域反潜作战体系，增加了对潜艇作战手段的灵活性，提高了舰机组合反潜的战术效能。

中国海军在东海和南海面对着潜在的威胁，周边国家和地区海军潜艇力量也在快速扩充，新型反潜导弹的装备不仅明显提升了中国海军综合反潜作战的能力，而且也提高了海军在高技术局部战争中的整体战斗力，为可能爆发的高技术立体海上对抗夯实了基础。

4.1 中国C字头反舰导弹简介

对现代水面舰艇来说，反舰导弹已取代传统的鱼雷和航空炸弹而成为其"头号杀手"。在"二战"后爆发的几场局部战争和海上冲突中，反舰导弹都发挥了重要作用，总共击沉了30余艘水面舰艇。正因为反舰导弹强大的战斗力，所以各国都很重视反舰导弹的研制和装备。

我国是世界上研制反舰导弹较早的国家，从20世纪50年代后期就已开始。经过半个多世纪的努力，我国的反舰导弹已经从最初的仿制发展到自行研制，从单一的舰舰型发展到多平台型，从亚音速发展到超音速，从单一制导体制发展到复合制导体制。

目前，我国的反舰导弹技术已经达到了国际最先进水平，特别是C字头的反舰导弹更是成为我国反舰导弹的代表作。回首一下C字头反舰导弹的发展及其技术性能，可以清晰地看到我国反舰导弹不断发展壮大的坚实足迹。

所谓C字头反舰导弹，主要包括C-601、C-611、C-201、C-101、C-301、C-801、C-801K、C-802、C-802K、C-803、C-802A、C-802KD、C-701、C-704、C-602等，这些以C标记的反舰导弹，除C-101、C-301和C-201反舰导弹属于"海鹰"系列外，其余C字头反舰导弹均属于"鹰击"系列反舰导弹。而由于之前国内的反舰导弹有"上游"、"海鹰"及"鹰击"三大系列，因此，最初这三个名称分别被用来命名舰对舰、岸对舰和空对舰导弹。而我国出于反舰导弹出口的需要，也开始在一些对外销售的反舰导弹中使用C字头加数字编号这种命名方式。久而久之，这种命名方式也就广为流传了。

C-601是我国在"海鹰"二号岸舰导弹基础上发展的第一种空射型

号，1967 年开始方案设计，1977 年开始研制，1984 年进行定型试验，1986 年正式定型，1987 年服役，主要装备于轰－6 丁型轰炸机。C-611 则是 C-601 的进一步改进型，提高了射程和制导能力。

C-601 空对舰导弹

C-201 也称"海鹰"四号，是在"海鹰"二号基础上发展

"海鹰"四号反舰导弹

的，两者最大的不同是 C-201 用涡喷发动机取代了"海鹰"二号的液体火箭发动机，提高了射程。

C-801、C-801K、C-802、C-802K、C-803、C-802A、C-802KD 属于"鹰击"-8 系列，采用同样的气动布局，外形也很相似，是我国最为成熟的多用途导弹家族。其中最早的 C-801 于 1971 年开始研制，1987 年设计定型。C-801K 是 C-801 的机载型，取消了助推器，射程稍有增加。C-802 是 C-801 的性能提升型号，主要改进之处是将发动机由固体火箭发动机换装为涡喷发动机，射程大幅增加，并采用了折叠弹翼，精度更好一些。

C-802K 是 C-802 的机载型，取消了助推器。C-

803是C-802的进一步发展型，20世纪90年代末期研制成功，进一步加大了射程，采用了更先进的制导系统。C-802A于2005年首先出现在国外展会上，在2006年珠海航展上以模型形式亮相。C-802KD是C-802A的机载空地型号，也是在2006年珠海航展上首次露面，主要用于打击陆地固定目标。

C-802反舰导弹

C-101、C-301是我国研制的两款超音速反舰导弹。其中前者从20世纪70年代开始研制，1986年以后其模型曾多次公开露面。后者的研制时间始于20世纪80年代，国内也称为"海鹰"三号，是一种射程比C-101更远的超音速反舰导弹。

C-701是我国自行研制的第一种多用途轻型反舰导弹，可以舰载和机载。该导弹采用电视制导方式，首次亮相是在1998年的珠海航展上。C-704是在C-701基础上发展的最新型多用途轻型反舰导弹，首次亮相是在2006年的珠海航展上，其体积和重量比C-701更大，射程也从C-701的15千米增加到35千米，制导方式则从电视制导改为主动雷达制导。

C-602是我国研制的最新型重型远程反舰导弹，在2006年珠海航展上首次以模型形式亮相。

C字头反舰导弹种类较多,既有亚音速弹,又有超音速弹。这里将对C字头反舰导弹加以简要区分和比较,回顾一下我国反舰导弹的发展之路和技术演进过程。

C字头反舰导弹中的C-601、C-611、C-201、C-801、C-801K、C-802、C-802K、C-803、C-802A、C-802KD、C-701、C-704、C-602均采用正常气动布局,即尾翼位于主单翼之后。只有C-101和C-301采用的是鸭式气动布局。在气动布局上不能说哪种好或是不好,主要是看对导弹的技战术要求,而且选择什么样的气动布局还要看一

C-101超音速岸舰导弹

个国家的技术能力。就拿C字头里采用正常气动布局的反舰导弹来说,在外形上也不完全相同。

C字头反舰导弹里C-601、C-201外形像一架小飞机,这是由于其参考原型"海鹰"二号是以苏联的"冥河"反舰导弹为原型的。之所以采取这种气动布局,主要原因是我国当时的技术水平还较低,要自行设计重型反舰导弹的新型气动布局不仅风险大,而且时间也会拖得很长,所以沿用"冥河"反舰导弹的气动布局就成了最佳选择,而且单纯从气动布局实现手段来讲,即使不考虑苏联技术影响,飞机式的气动布局也是飞航式导弹里最易实现的。

实践证明这个设计思路是正确的,它使导弹的研制

时间大大缩短，而且导弹的性能和可靠性也都有了保证。但该导弹壮硕的外形对载机的选择造成了困难，即使像轰-6丁这样的大型飞机也只能挂载2枚。

C-801反舰导弹在设计时就要求多平台携载，因此再沿用C-601的气动布局显然是不行的。经过多年努力，我国逐渐积累了经验，技术实力有了较大提高，因此选择了当时世界上比较流行的气动布局，即弹体为圆柱形，4片弹翼和尾翼均为"X-X"形配置。这种气动布局的好处是大大减小了反舰导弹的体积和重量，非常适合不同平台使用。也正基于此，后续的C-801K、C-802、C-802K、C-803、C-802A、C-802KD、C-701、C-704等都沿用了这种气动布局。

随着水面舰艇防空能力的日益提高，传统的亚音速反舰导弹要突破舰空导弹拦截火力网显得越来越困难，因此超音速反舰导弹就逐渐被人们重视起来。不过在世界范围内研制超音速反舰导弹的国家并不多。迄今为止，露面最多的是俄罗斯的超音速导弹，如SS-N-19、SS-N-20、3M-54、KH-31等。

我国是研制超音速反舰导弹较早的国家之一，早在20世纪60年代末就提出了研制方案。我国的C-101和C-301超音速反舰导弹在气动布局上同上述导弹的不同点是采用了鸭式布局，弹体前端水平对称位置有一对鸭翼，用以控制导弹的姿态和俯仰。飞行器采用鸭式布局，主要是增强机动性能，在飞机上应用较多，如欧洲的"台风"、"阵风"、"鹰狮"等战斗机都采用鸭式气动布局，但在反舰导弹上应用并不多。我国的超音速导弹采用鸭式气动布局，说明我国正在探讨这种布局的可行性，不过C-101和C-301最后都未正式装备部队使用。

到发展C-602时，我国的技术实力已大幅提高，可以自行设计各种适用的气动布局。最终C-602选择了类似美国"战斧"巡航导弹那样的气动布局，采用可收缩的平直弹翼，尾舵为十字结构，发动机进气口位于十字形尾翼前方。这种气动布局不仅大大提高了导弹的适装性，而且亚音速飞行性能也更加出色。

采用鸭式气动布局的法国"阵风"战斗机

　　C字头的反舰导弹均采用自控加自导的制导体制。但除C-701、C-704因射程较近而不需要中继制导外，其他导弹的射程基本都在50千米以上，超出了舰载雷达的实际控制范围，因此要想让导弹打得更准，中继制导能力就必不可少。C-601、C-611、C-101、C-301、C-801、C-802、C-801K、C-802K、C-803、C-802A等都装有高精度无线电高度表、自动驾驶仪等惯性制导设备进行中段制导，使导弹在一定距离内按预定航向飞行并具有掠海飞行能力；末段制导由导弹头部的主动单脉冲雷达完成。单脉冲雷达靠测量脉冲从发射到回波之间的时间差来测定目标距离。为防止杂乱信号干扰，一般单脉冲雷达仅在预计将要接收回波脉冲前才打开

C-602重型远程反舰导弹

接收机。另外，任何雷达天线都有主轴线上强度最大的主波瓣和若干个其他方向上较弱的旁瓣，主波瓣和旁瓣都可收到回波信号。为防止误读旁瓣信号，单脉冲雷达都有自动增益调节能力，只读最强的回波，压制掉其余较弱的回波。正因为单脉冲雷达可根据从单个脉冲回波中提取的信息，来确定被检测到的信号源的角位置，所以它使得许多用于干扰波束顺序扫描雷达的雷达对抗技术几乎完全失效。世界发达国家研制的一些著名反舰导弹也采用这种导引头，如法国的"飞鱼"、美国的"鱼叉"、法意联合研制的"奥托马特"／"特塞奥"等。最新发展的C字头反舰导弹还引入了数据链，可接收卫星或其他平台发来的信息，具备中途改变攻击目标的能力。

C-701反舰导弹

我国C字头反舰导弹的发动机伴随着导弹技术一路成长，从仿制到自行研制，从液体火箭发动机到固体火箭发动机，再从涡喷发动机到冲压发动机，克服了许多难以想象的困难，取得了令世界瞩目的成绩，使我国C字头反舰导弹始终有着一颗强劲的"心"。

C字头反舰导弹中的C-601采用液体火箭发动机，C-801、C-801K、C-701、C-704等采用固体火箭发动机，C-101和C-301采用冲压发动机，其他型号则采用涡喷发动机。

C-601以液体火箭发动机为动力装置，主要是因为技术水平不高。液体火箭发动机的优点是比冲高（比冲也叫比推力，是发动机推力与单位消耗推进剂重量的比值），推力范围大，能反复起动，能控制推力大小，工作时间较长等。但缺点是体积较大，装填燃料时间长，从而导致导弹战斗准备时间长，快速反应能力差。C-601导弹有效射程为95～100千米，比C-802近了约20%（C-802射程为120千米），但其弹径却比后者大了1倍多（C-601为760毫米，C-802为360毫米），重量比后者重了3倍多（C-601为2440千克，C-802为715千克）。除了C-601的战斗部重量大外，笨重的液体火箭发动机也是导致其"个大体重"的主要原因。C-601属于空射型，所以不用装助推器，这主要是因为导弹由飞机发射时已经有了初速度。

C-801、C-801K、C-701、C-704等采用了固体火箭发动机，因而体积和重量都得以大幅度减小。固体火箭发动机的优点是结构简单，体积小，推进剂密度大，推进剂可以储存在导弹中常备待用，操作方便等；缺点是比冲小，工作时间短，因速度大导致推力不易控制，重复起动困难等。但由于导弹是"一次性用品"，所以固体火箭发动机的缺点影响不大，而优点却可以尽情发挥。

C-802、C-802K、C-803、C-802A、C-802KD、C-201、C-602等采用的是涡喷发动机，其工作原理与航空涡喷发动机相同。与火箭发动机相比，涡喷发动机的优点是导弹不必带氧化剂，可直接借助空气中的氧气使燃料燃烧(这些反舰导弹的弹体腹部布置有涡喷发动机的进气口)。另外，由于发动机的燃料以廉价的航空煤油代替了比较昂贵的固体火箭燃料，所以导弹成本相应下降。更重要的是，采用涡喷发动机后，反舰导弹的射程有了大幅提高，在弹径相同、弹重减小的情况下，采用涡喷发动机的反舰导弹射程要比采用固体火箭发动机的反舰导弹大1倍以上。

C-101、C-301采用的是冲压发动机。这种发动机是一种利用迎面气流进入发动机后减速，使空气提高静压的一种空气喷气发动机，通常由进气道（扩压器）、燃烧室、推进喷管等组成。冲压发动机没有压气机，所以也就不需要燃气涡轮，故又称为不带压气机的空气喷气发动机。冲压发动机压缩空气的方法是靠飞行器高速飞行时的相对气流进入发动机进气道中减速，将动能转变成压力能。

冲压发动机工作时，高速气流迎面向发动机吹来，在进气道内扩张减速，气压和温度升高后进入燃烧室与燃油混合燃烧，将温度提高到2000℃～2200℃甚至更高，高温燃气随后经推进喷管膨胀加速，由喷口高速排出而产生推力。冲压发动机的推力与进气速度有关，进气速度为3倍音速时，在地面产生的静推力可超过200千牛。正因为冲压发动机有上述特点，因此很快被人们选为超音速反舰导弹的理想发动机。俄罗斯的KH-31、3M80均采用冲压发动机作为动力装置，我国台湾研制的"雄风"3型反舰导弹也选用了冲压发动机。

冲压发动机构造简单，重量轻，推重比大，成本低，但因为没有压气机，不能在静止条件下起动，故往往需与别的发动机配合使用，成为组合式动力装置。我国的冲压发动机研制时间也比较早，1965年就提出过建议。1969年，冲压发动机研制成功并进行了600多次地面试验，攻克了很多技术难关，很快实现地面试验定型，满足了C-101、C-301导弹的动力要求。我国C-101、C-301就是将固体火箭发动机和冲压发动机组合使用，其中C-101采用2台固体火箭发动机加2台液体冲压发动机，C-301采用4台固体火箭发动机加2台液体冲压发动机。导弹发射后，先由固体火箭发动机工作，当速度达到一定工作要求时，冲压发动机开始工作，使导弹实现超音速飞行。

从目前情况看，世界上研制和应用冲压发动机的国家和地区不多，技术最成熟、最先进的是俄罗斯，其已经装备了数种采用整体冲压发动机的超音速反舰导弹。与俄罗斯相比，我国冲压发动机技术还比较落后，C-101、C-301导弹上的冲压发动机与导弹弹体是分离的，导致导弹体积、

重量和飞行阻力都较大。并且这两种导弹最终未能投入使用，很大原因就在于冲压发动机

C-301超音速岸舰导弹

技术落后。不过，我国现在的冲压发动机技术已有了很大提高，已经研制出整体冲压发动机，并且已在新型超音速反舰导弹上得到应用。

反舰导弹毁伤舰艇目标的能力主要看战斗部的装药量及其类型。我国C字头反舰导弹的主要作战对象是敌方的大、中型水面舰艇，所以导弹的装药量普遍较大，单发命中即可使3000吨以上的舰艇"非死即伤"。

反舰导弹的战斗部有半穿甲型、聚能穿甲型和高爆型三种。其中半穿甲战斗部一般重100～250千克，穿透舰体后在内部爆炸，一般可穿透大型战舰的厚装甲，而高爆战斗部适合于攻击壳体较薄的快艇一类目标。导弹的命中部位以越靠近水线越好，这样容易将敌舰击沉。

C-601、C-201、C-301采用聚能穿甲战斗部，C-801、C-802、C-803等采用半穿甲型战斗部，C-701、C-704、C-602等采用高爆战斗部。由此可以看出，它们的作战对象还是有差异的，C-601、C-201、C-301等适合打击拥有装甲防护的大型水面舰艇，如巡洋舰、航空母舰和两栖攻击舰等；C-801、C-802、C-803等适合打击装甲防护较弱的登陆舰、驱逐舰、护卫舰等；而C-701、C-704则适合打击轻小型水面舰艇，如导弹艇、巡逻艇等。

经过数十年的持续发展，我国C字头反舰导弹已经形成了多品种、多

平台发射、多种制导体制和多种动力装置并存的百花齐放局面，完全可以满足我国现阶段海空军反舰作战的需要。在科技实力日益增强的情况下，我国的C字头反舰导弹将继续向远射程、轻重量、大威力、多用途方向发展，而隐身化、智能化、超音速也将成为其新的发展趋势。

4.2 水下杀手——CM-708UN/UNA潜射反舰导弹

中国海军从20世纪50年代开始发展反舰导弹，最初是岸舰导弹，然后是舰舰和空舰导弹。由于当时的"上游"和"海鹰"系列反舰导弹的弹径较大，都达到700毫米以上，无法装入潜艇533毫米鱼雷发射管，所以潜射反舰导弹一直没有发展起来。到了20世纪70年代，随着体积小、重量轻的"鹰击"-8反舰导弹的研制成功，发展国产潜射反舰导弹的时机开始成熟起来了。

1977年，为了扩大国产033型常规潜艇的打击范围，海军决定为该潜艇配备"鹰击"-8反舰导弹。不过，"鹰击"-8反舰导弹的直径虽然只有360毫米，但其翼展却达到1米左右，超过了潜艇上鱼雷发射管的直径。因此，必须对弹翼进行折叠才能装进鱼雷发射管。

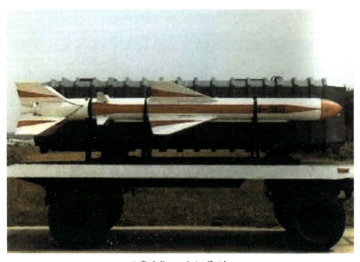

"鹰击"-8反舰导弹

但由于当时国内的导弹弹翼折叠技术还没有过关，使得"鹰击"-8反舰导弹在潜艇上只能采用发射箱发射的方式。为此，在033型潜艇上层建筑内左右舷各增设了3座导弹发射箱。另外，根据导弹发射的需要，艇上还增加了自动测风仪、方位水平仪和雷弹合用的射击指挥系统，并且改装了雷达。改装后的033型潜艇于1978年完成设计，1980年在武昌造船厂开工，1983年7月交付海军，1985年海上发射导弹试验成功。

上浮至海面的033型常规潜艇正在发射"鹰击"-8反舰导弹

从当时国外海军的反潜体系来看，033型潜艇采用上浮发射导弹进行攻击的战术几乎没有实战价值，因此中国海军并没有批量装备该型潜艇。不过，通过改装和试验，中国海军对潜射反舰导弹技术进行了早期探索，对反舰导弹在潜艇上的运用，特别是潜航条件下导弹的使用进行了系统的研究，为此后研制潜射反舰导弹积累了经验，打下了基础。

20世纪80年代之后，相关单位为了使"鹰击"-8反舰导弹能够装入标准导弹发射箱，将弹翼折叠技术列为关键技术进行攻关。经过多次试制和努力，终于攻克了这个技术难题，为国产潜射反舰导弹的发展提供了技术保障。这个时候，中国开始发展第二代国产常规潜艇，这就是039型潜艇，并明确第二代常规潜艇配备潜射反舰导弹。为此，有关单位决定在"鹰击"-8反舰导弹的基础上，研制一型潜射反舰导弹，作为039型潜艇的主要武器。

　　根据相关资料显示，"鹰击"-8反舰导弹的潜射型称为"鹰击"-82潜射反舰导弹，基本上保留了之前

"鹰击"-82潜射反舰导弹

"鹰击"-8反舰导弹的技术参数，在主尺寸和重量上也基本相同，动力系统继续保留了固体火箭发动机，射程在40千米左右，制导系统仍旧为中继惯导加末段主动雷达制导。为了装入导弹运载器，"鹰击"-82潜射反舰导弹的弹翼进行了折叠，同时对导弹的气动布局进行了一定的优化，以提高攻击能力。

　　从2014年珠海航展公开的资料可以看出，CM-708UN就是"鹰击"-82的出口型。"鹰击"-82潜射反舰导弹在20世纪90年代已经随着039型潜艇装备中国海军，但直到现在才拿到出口许可证，显示了中国对于是否出口这种潜射反舰导弹的态度。另外，CM-708UN似乎在中国海军自用导弹的基础上进行了一定简化。在航

珠海航展上公开展示的 CM-708UN 潜射反舰导弹

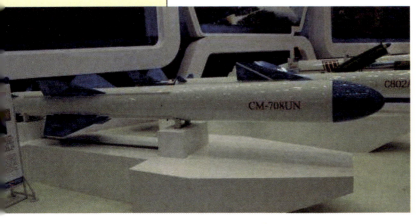

展上，相关工作人员在接受记者采访时指出，导弹采用了无动力运载器，发射深度只有30米，并称"更深的发射技术不是做不到，而是出口型导弹就这么定位的"。

为了配合"鹰击"-82潜射反舰导弹的使用，039型常规潜艇配备了比较齐全的水声系统，包括艇艏中频攻击声呐、舷侧阵声呐，同时艇载火控系统也实现了综合化和数字化。潜艇获取目标信息的距离和精度都大为提高，武器的控制能力也得到增强。潜艇可以以一定的发射间隔依次发射反舰导弹，各枚导弹按照系统预先计算及输出设定的数据飞向目标，这就提高了导弹的攻击能力和突防能力。从各国的经验来看，为了保证反舰导弹达到较高的命中率，潜艇至少要使用2枚导弹进行齐射。

从实战来看，潜艇只能依靠声呐跟踪目标，用方位平差法计算目标运动参数。目标越远，噪声强度就越低，对潜艇水声、作战指挥系统的要求就越高。这样一来，潜艇可能采用现在点的攻击方法，就是只测定目标现在的坐标方位，假设目标是静止的，然后对目标进行攻击。从这里可以看出，现在点的攻击方法不需要考虑目标的运动，因此不需要对目标运动要素进行测定，对潜艇水声、作战指挥系统的要求相应也会降低，这也就降低了潜艇的成本费用。

但是现在点射击有一个较大的缺点，就是限制了导弹的射程，因为导弹的目标装订、发射出管、运载器和导弹分离、进入自控飞行、末制导开机、探测目标、锁定并攻击目标都需要时间，而导弹末制导雷达的搜索范

锁定与装订概念不同，装订包括了图标数据的录入，而锁定只是一个目标确定的过程。

第4章 国防中坚

围是一定的，目标在实战中不可能一直保持静止状态。为了在末制导雷达开机时目标仍处于探测范围之内，只有减少导弹的飞行时间，相应也就减少了它的射程。

根据目前反舰导弹末制导雷达的探测范围和舰艇运动的速度，各国在经过研究之后，认为导弹的攻击过程大约要减少到2分钟左右，才能保证目标的横向运动距离不会超过导弹末制导雷达的横向搜索宽度范围。以目前巡航速度约900千米/小时计算，潜射反舰导弹的射程大约在30~40千米，由此来推断CM-708UN/"鹰击"-82潜射反舰导弹的射程都在这个范围之内。

根据2016年珠海航展的资料，国产CM-708UNA潜射反舰导弹相比较CM-708UN，换装了涡喷发动机，射程提高到了120千米。从相关模型来看，CM-708UN和CM-708UNA基本上相同，包括外形尺寸、飞行速度、制导系统、战斗部等的设计模式基本上一样，由此可以推测两者同属"鹰击"-8系列反舰导弹，只是更换了动力系统。如果说CM-708UN对应的是中国海军"鹰击"-82潜射反舰导弹的话，那么海外媒体认为CM-708UNA对应的应是中国海军现役"鹰击"-84潜射反舰导弹（"鹰击"-83反舰导弹的潜射型）。

中国展出CM-708UNA潜射反舰导弹，清楚地表明这个级别的反舰导弹已经可以出口。相关技术人员也指出，国产S-20常规潜艇已经被批准可以出口，CM-708UN/UNA潜射反舰导弹就是其主要武器之一，这样配制将有效地提高国产出口型常规潜艇的作战能力。

CM-708UNA
潜射反舰导弹

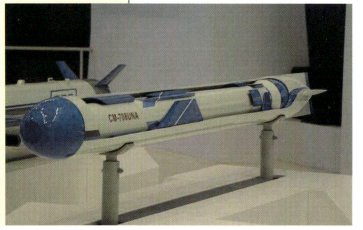

CM-708UNA 的配备还透露出一个信息，那就是S-20出口型常规潜艇配备有国产拖曳线列阵声呐，因为凭借艇艏综合阵或者舷侧阵很难为射程100千米的反舰导弹提供目标指示，只有拖曳线列阵声呐才能提供远程探测

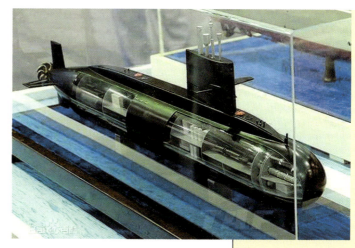

S-20潜艇

能力。现代拖曳线列阵声呐的基阵可拖曳长度可以达到1000米以上，探测空间得到迅速增大，工作效率大为提升。

潜射导弹远程攻击目标的一个重要前提就是，导弹飞抵目标区且其末制导雷达开机时，目标仍旧处于搜索范围内。射程越远，导弹飞行的时间越长，而目标的运动范围则越大，因此就有可能出现导弹飞抵目标时，目标已经离开末制导雷达探测范围的情况。对于潜艇来说，使用拖曳线列阵声呐探测目标的时候，测向精度本身就是一个问题，这个误差会随着探测距离的增加而迅速增加，以致无法解算目标的航向航速，进一步增大了目标散布的范围。如此一来，潜射导弹在进行远程攻击时，就需要采取一定的措施来解决这些问题，如加大反舰导弹末制导雷达的工作范围、提升探测距离等。

然而，由于反舰导弹的直径和空间较小，加之能源供应有限，所以提升末制导雷达的探测范围比较困难。另

第4章 国防中坚

外，也可以采用其他方式来改善反舰导弹末制导雷达的探测范围，如增加反舰导弹的巡航高度、增人导弹的搜索范围、对导弹航迹进行规划、采用环形航线或蛇形航线等，以提高末制导雷达捕捉目标的概率。

如果条件允许，CM-708UN/UNA潜射反舰导弹在远程攻击时还可以获得外部目标指示系统的支持，就像水面舰艇在超视距攻击时可以得到舰载直升机的中继制导一样。直升机利用水面搜索雷达探测水面目标，获得相关数据并解算目标的运动参数后，把相关数据通过数据链传送给导弹。导弹收到数据之后，再把目标最新坐标与自身的航向进行对比，得出制导系统的误差，然后进行航线修正，以确保飞抵目标区之后，目标仍处于末制导雷达的工作范围之内。这种攻击方式对于攻击的组织、调度、协调等要求较高。

从总体上来讲，中国海军CM-708UN/UNA潜射反舰导弹的公开亮相和外销，表明了中国海军在潜射反舰导弹这个单项武器装备技术上有了巨大的突破，同时也表明其整体海上作战能力有了明显提升。也从另外一个方面表明了，中国的潜艇水下攻击能力已经跃升到了一个新的高度。

4.3 "三级跳"的中国海军近程舰空导弹

中国海军第一代近程舰空导弹"海红旗"-61开始研制时，美国已经发展了多军种通用的"麻雀"导弹。作为以空空导弹为基础研制的半主动雷达制导导弹，"麻雀"导弹在美国海军点防空和陆军野战防空导弹装备中都有着重要的地位，其发展和技术演变也影响了很多国家同类型导弹的发展，非常具有参考价值。

空空型AIM-7E"麻雀"III型导弹于1964年开始装备美国航空兵部队，1965年开始在AIM-7E基础上改进发展了舰载型RIM-7"海麻雀"舰空导弹。"麻雀"导弹作为多兵种装备发展的过程，成为中国开发"海红旗"-61舰空导弹时最好的参考目标。而凑巧的是，越南战争又给了中国科

正在发射的美国"海麻雀"舰空导弹

"麻雀"导弹美国空军作中程空空导弹；美国海军作近程舰空导弹；美国陆军作野战防空导弹。

技人员近距离接触"麻雀"导弹的机会，虽然当时的"麻雀"导弹在实战条件下表现一般，但其高通用性和完善的设计仍然是当时最好的参考对象。

我国自行开发的"红旗"-61防空导弹是以先陆军、后海军的次序来进行设计研制的通用战术防空导弹。陆军先是采用"红旗"-61地面发射型，实现地面部队的野战防空。而海军舰艇则在"红旗"-61防空导弹的基础上，研制"海红旗"-61舰空导弹，来满足单舰近程防空的需要。"海红旗"-61舰空导弹全弹长3.99米，直径0.28米，翼展1.166米，弹翼为不可折叠，导弹发射重量300千克，最大速度3马赫，有效射程10千米，射高8千米。

海军最初在053K型导弹护卫舰上试验性安装了"海红旗"-61舰空导弹，发射架下方的舰体容纳有12枚待装填的"海红旗"-61舰空导弹的弹库。虽然在053K型导弹护卫舰上进行了试验性装备，但因存在不

"红旗"-61防空导弹

完善和技术缺陷使其使用并不成功。实际上，053K型导弹护卫舰服役后并没有为海军提供有效的防空能力，"海红旗"-61舰空导弹发射和再装填系统的适用性和可靠性也都未满足要求，舰上装备的"海红旗"-61舰空导弹只是验证了部分技术而设定的一个试验型号。

20世纪90年代初期服役的053H2G型导弹护卫舰上的"海红旗"-61舰空导弹，才真正符合了装备要求。该舰上采用的是筒式储存发射架，但是"海红旗"-61舰空导弹较大的体积和特殊的不可折叠弹翼，却造成了发射筒的直径甚至比舰上反舰导弹的发射箱还大。然而，占据了前甲板的庞大发射筒内却只有区区6枚舰空导弹，还不具备海上再装填能力。

053H2G型导弹护卫舰上"海红旗"-61舰空导弹的服役只是解决了中国海军舰空导弹的有无问题，但该型舰空导弹技术性能差，体积庞大却是个不争的事实。因

053H2G型导弹护卫舰上的"海红旗"-61舰空导弹发射筒

此，研制新一代舰空导弹的任务就摆在了面前。在20世纪80年代后期，中国海军曾少量引进了法国的"海响尾蛇"舰空导弹系统。"海响尾蛇"舰空导弹系统是法国海军战术导弹出口市场上与"飞鱼"反舰导弹齐名的明星产品，其各种型号曾出口阿曼、沙特等国家。

中国海军在开始为海军新型舰艇选择防空导弹时，英国的"海狼"舰空导弹系统和法国的"海响尾蛇"舰空导弹系统都进入了备选范围。两者相比较，"海狼"舰空导弹虽然在马岛战争中表现出了较高的战斗效能，而且也是当时兼具拦截飞机和反舰导弹能力的先进舰空导弹，但却只能装备海军舰艇，在通用性上不如由陆到海的"海响尾蛇"，而且有效射程太短，只有区区5千米，因此中国海军最后选择了性能较平衡，并实现了陆、海通用的"海响尾蛇"舰空导弹系统。

"海响尾蛇"舰空导弹弹长3米，弹径156毫米，翼展0.55米，发射重量84.5千克，最大速度2.3马赫，射高15～5500米，最大射程10～12千米，最小射程500米，拦截掠海飞行的反舰导弹的射程为8.5千米，系统反应时间6～10秒，杀伤概率约为70%。该导弹弹体明显小于"海红旗"-61舰空导弹，并且还拥有3种作战模式，即雷达制导、红外制导和电视制导控制模式，具

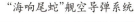

"海响尾蛇"舰空导弹系统

有较好的通用性。作为当时世界先进水平的代表，"海响尾蛇"舰空导弹系统具有作战空域接近中距防空导弹、时间短、自动化程度高、系统作战能力强等特点，并且是世界上较早具有

第4章 国防中坚

拦截掠海导弹能力的舰空导弹。

中国海军将"海响尾蛇"舰空导弹安装在051型"开封"号导弹驱逐舰和052型首舰"哈尔滨"号导弹驱逐舰上进行了研究评估。结果表明，其各方面的表现令人满意。随后，我国以引进的"海响尾蛇"舰空导弹为基础，通过仿制、自研相结合，研制了"海红旗"-7舰空导弹系统，并开始批量装备中国海军新一代驱护舰。052型导弹驱逐舰上的舰空导弹系统未采用法国驱逐舰的内舱式装填机构和弹库，而是采用了分体式的安装方式，发射架安装在甲板上方，导弹装填机构和矩形导弹储存／装填设备安装在发射架后面，这种导弹储存／装填装置具有结构简单和不占舰内空间的优点。051B型"深圳"号导弹驱逐舰由于舰上使用空间和内部容积比052型导弹驱逐舰有明显的增加，因此采用了与法国海军类似的内舱式装填系统。升降式储存／装填系统通过发射架后甲板上的活动舱门升降，完成装填后可以降低到甲板下方以扩大发射架的水平旋转范围。

正在发射的"海红旗"-7舰空导弹

"海红旗"-7舰空导弹系统不仅延续了"海响尾蛇"的优点，而且对其进行了改进优化，主要包括：火控系统搜索、跟踪距离有所提高，导弹发动机推力初速更快，射程更远，机动性更佳，抗干扰能力更强，最大射程较原型提高了25%，能更有效拦截高空来袭目标，最大飞行速度2.6马赫，单发命中率增至80%。特别值得一提的是"海红旗"-7舰空导弹提高了拦截飞行高度15米的超低空目标的能力，这对于拦截低空和超低空、体积小、红外辐射少及具有末段机动能力的目标尤其重要。改进后系统采用了双波段雷达制导，并同时改进了电视跟踪系统，增加了激光跟踪器，因此其探测、抗干扰能力和作战能力方面已非原版"海响尾蛇"可比。

"海红旗"-7舰空导弹的作战过程为舰载搜索雷达一旦发现来袭目标，即向系统自动传送目标信息，系统即刻根据指令迅速将自身的雷达、光电火控系统转向目标来袭方向，同时雷达开始自动搜索。一旦发现目标，系统即转入自动跟踪状态，并通过光电手段对目标进行更加精确的跟踪。再根据跟踪获得的目标信息，系统火控计算机自动进行计算以确定对目标的最佳拦截时机，当目标进入拦截距离时，系统向操纵人员发出灯号和音响提示，操纵人员按下"发射"按钮，系统即进入不可逆导弹发射状态。系统会在待发导弹中启动导弹，使舰空导弹发射筒抛盖设备启动，将前盖抛掉，系统火控计算机向导弹传送相关编码和频率，随后导弹发射筒内的固定锁销被释放，火箭发动机点火，导弹射出。在飞离发射筒后，导弹最初由火控系统的红外导引装置探测，火控将导弹引导至跟踪雷达的波束内或红外角偏差跟踪系统的波段，随后火控计算机同时跟踪导弹与目标，依据两者的角度偏差、导弹和目标的距离数据，按"三点一线"的导引规律引导导弹飞向目标。

其间，火控系统不断根据导弹与目标的偏差发出无线电指令，弹上自动驾驶仪不断接收指令控制弹体的舵面转动，以准确飞向拦截的目标。当导弹纵向加速度超过18g时，舰空导弹上的保险装置自动解除，进入待爆状态。导弹引信不断发射无线电波束，以探测目标是否进入杀伤范围内。

当目标进入无线电波束内时，引信自动引爆弹上的破片聚能战斗部，使大量飞散的高速弹片摧毁来袭目标。

当有多个目标相继来袭时，该系统可以先行发射一批(通常为1～2枚)导弹，攻击其中威胁最大的目标，在第一批导弹击中目标前，抗击第二个目标的拦截导弹先行发射。当第一批导弹击毁目标后，其火控系统立即转向，引导第二批导弹击毁第二个目标，以节省宝贵时间，提高系统抗击多目标的作战能力。

目前，中国海军驱逐舰和护卫舰上安装的"海红旗"-7舰空导弹都设计有储存和再装填设备，可实施快速装填。并且，由于"海红旗"-7舰空导弹系统具备雷达、红外、电视等多种跟踪手段，因此能够有效拦截各国海军普遍装备使用的掠海反舰导弹。

20世纪90年代中后期，在装备了"海红旗"-7舰空导弹系统后，中国海军的主力舰艇均具备了13千米以内的反导防空能力，一定程度上提高了在现代海军战场环境下对来袭目标的防御能力。不过，"海红旗"-7舰空导弹安装位置和作战性能往往会因射界被舰桥或舰上其他障碍物遮挡而受限，实际上不足以构成全方位拦截能力。而且该系统只有一个火控通道，不能同时拦截多个目标。同时，"海红旗"-7舰空导弹系统也仅能满足拦截高亚音速掠海飞行的导弹，对以2倍以上音速掠海飞行的反舰导弹拦截能力一般，已无法应对当下的海上战场环境。

中国海军还需要适装性更好、反应时间更短，并且备弹量更大、低空作战性能更强、制导精度更高的新一代近程舰空导弹。

2014年9月，中国中央电视台的新闻中，罕见地播出了一款类似美国"拉姆"近程舰空导弹的国产新型舰空导弹"海红旗"-10近程舰空导弹系统，引起了当时国内外广泛的关注。由于其与美国的"拉姆"导弹非常类似，获得了"中国拉姆"之称，但是这一说法并不正确，仔细研究会发现，它们只是采用了相同的设计理念，实际为两种不同的舰空导弹。

美国海军"拉姆"舰空导弹

美国的"拉姆"导弹采用半主动雷达制导，无跟踪主动雷达信号的能力，也不是红外成像制导，这与我国新型近程舰空导弹的制导控制系统完全不一样，确切地说，"拉姆"导弹在制导技术上落后了至少一代。再加上两者弹体设计上的差别，也属于完全不同的级别，所以说它们之间没有直接的联系。而在2012年之前，该型舰空导弹系统就出现在中国海军第一艘航空母舰上。只不过当时大家关注的目光都在航母本身，而对其装备的这款近程防空导弹关注度反而没有那么高了。

2015年，"9.3"抗战胜利日大阅兵上，该款舰空导弹正式亮相在人们的面前，浩浩荡荡地驶过了长安街，向全世界掀开了自己神秘的面纱。它就是由中国航天科工集团公司开发，可有效拦截各种类型的反舰导弹的"海红旗"-10近程舰空导弹系统，它可以对付海上、空中和陆地对舰艇发起的反舰导弹攻击。

"9.3"抗战胜利日大阅兵时展示的"海红旗"-10近程舰空导弹系统

第4章 国防中坚

"海红旗"-10近程舰空导弹系统组成简单,主要包括武器控制平台、发射系统和发射筒。发射系统配装24发导弹,提供持续的火力打击。发射系统也有18联装、12联装、8联装等多种形式,以适应不同舰艇的装载需求。

"海红旗"-10近程舰空导弹系统满足了中国海军对近程防空提出的速度高、重量轻、反应快速、制导精度高的要求。这套系统可有效拦截各种超音速和亚音速掠海反舰导弹。"海红旗"-10近程舰空导弹采用被动雷达加红外双模制导方式,对海最大拦截距离为9千米,具备多发齐射能力,间隔时间不超过3秒。导弹发射后自动锁定目标,可实现"发射后不管";其强大的火力可同时对抗多个目标的饱和攻击。"海红旗"-10近程舰空导弹系统完全胜任海军在复杂环境下对抗多平台作战的要求,满足当前和未来战争的舰艇近距自卫防御的需要。

"海红旗"-10近程舰空导弹系统的典型作战使用方式是由舰艇上的雷达对空中目标进行搜索、跟踪与识别,同时还要探测目标所发射的电磁波的波段。当确认该目标或目标群需要攻击后,将目标的距离、方位、高低角、目标发射的电磁波频段输送到导弹武器控制系统。随即第一批待发导弹在几秒内就做好一切准备,包括启动导引头的陀螺和红外探测器。当控制人员决定要摧毁来袭目标时,就按下发射按钮,导弹就点火,发动机产生巨大推力,使导弹脱离发射架飞向空中目标。"海红旗"-10近程舰空导弹既可单射,也可齐射。当第一批导弹发射后,第二批导弹已做好再发射准备。可根据需要随时发射第二批、第三批,直到把发射架上的导弹全部发射完。

目前,装备中国海军的"海红旗"-10导弹系统有三种不同的发射装置,并安装在不同的水面舰艇上。24联装的发射装置装备在最新的052D型导弹驱逐舰上,安装位置在直升机库结构的顶部,作为该型导弹驱逐舰的短程防空拦截火力，配合安装在舰艇部位的近防火炮系统，构成了最后的防空反导的屏障；18联装发射装置装备在中国首艘航空母舰"辽宁"

052D型导弹驱逐舰后部直升机库上安装的24联装"海红旗"-10舰空导弹发射装置

号上；而最小的8联装发射装置则装备在056型轻型导弹护卫舰中后部甲板上，作为该型舰的主要防空武器。

鉴于"海红旗"-10近程舰空导弹系统综合性能优异，在2017年2月底"中国军网"的图片报道中，053H3型导弹护卫舰"宜昌"号舰艏部位原有的8联装"海红旗"-7舰空导弹发射装置被换装成8联的"海红旗"-10舰空导弹。从20世纪60年代开始的中国近程舰空导弹发展历程中可以看出，"海红旗"-10舰空导弹系统已经成为中国海军值得信赖的近程防空反导的利器，能够牢牢守护住中国海军水面舰艇最后的一道防线。

4.4 从引进到国产的中国中程舰空导弹

20世纪90年代初期，中国海军第一代的"海红旗"-61舰空导弹终于堪用，开始装备在053H2G型导弹护卫舰上。与此同时，从法国引进的"海响尾蛇"

正在发射的"标准"-1中程舰空导弹

"现代"级导弹驱逐舰136号"杭州"舰

舰空导弹及其仿制型号"海红旗"-7舰空导弹也开始安装到国产052型导弹驱逐舰上。

在20世纪90年代，随着美国"宙斯盾"技术在全球范围内的扩散，中国近邻日本海上自卫队建造的排水量超过原版"阿利·伯克"级导弹驱逐舰的"金刚"级导弹驱逐舰，出现在中国周边的海域。同时，还有"银河号"事件、"台海危机"等一系列海上冲突及海上安全事件，使得中国海军不得不继续快马加鞭地持续发展，其中，对舰队防空帮助最大的中程舰空导弹就成了重中之重。

1999年12月25日，中国海军的导弹驱逐舰家族增添了一位来自俄罗斯的新兵。舷号136的俄罗斯"现代"级导弹驱逐舰"杭州"号加入了中国海军的东海舰队。一年之后，"杭州"号的姐妹舰"福州"号也建成服役，同样加入中国海军东海舰队，以应对来自这个方向上的海上威胁。

中国海军引进"现代"级导弹驱逐舰是与1996年前

后台海形势紧张存在着极大关系的，而同时在东海方向上的钓鱼岛问题又起波澜。因此，中国海军不仅要为反"台独"军事斗争做积极的准备，同时还需要研究海上封锁作战、登陆作战、岛礁攻防作战、打击机动编队等战术战法。但这些海上作战方式，都需要海上大编队集群作战才能实现。而在当时，因为缺少可靠的中程舰空导弹系统，使得中国海军编队防空能力受到了极大的制约，从而一直无法为海上编队提供可靠的中程防空能力。

这也是在与俄罗斯的军购谈判中，最终放弃了引进以反潜为主的"无畏"级导弹驱逐舰，而是选择了先进性一般的"现代"级导弹驱逐舰的原因。"现代"级导弹驱逐舰上所安装的"施基利"系统是当时海军最为急需的装备。相比之下，"无畏"级的反潜能力以及舰用燃气轮机虽然也有很大价值，但只能让位给"现代"级。甚至为了能早日装备使用新舰和新系统，中国直接选择了苏联时期开工，在船台上因缺乏资金难以为继的两艘"半成品"。因此也就能够以最快的速度收船，在中国海军服役。"现代"级和"施基利"系统就是扮演了这样的"应急"角色，从现在来看，它们也很好地完成了这一任务。

SA-N-7"施基利"舰空导弹属于中程防空导弹，由苏联／俄罗斯牛郎星科研生产联合体于20世纪80年代研制而成，是陆基"山毛榉"M1(SA-11)

从"现代"级导弹驱逐舰引进的合同曝光开始，中外舆论就纷纷将焦点聚集在了这两艘舰艇的引进上了。究其原因是因为"现代"级驱逐舰的确带来了许多中国海军前所未有的技术装备、设计理念和维护使用经验。诸如，第一艘7000吨以上的大型作战舰艇，第一艘安装超音速反舰导弹的水面战斗舰艇，第一艘安装超视距对海雷达的水面舰艇；而其中最重要的是其舰上搭载的SA-N-7"施基利"舰空导弹，使得"杭州"号成为第一艘安装中程区域防空导弹的导弹驱逐舰，也使得中国海军第一次具备了海上区域防空的能力，使得海上舰艇编队有了可靠的中程空中保护伞。

地空导弹系统的舰载型。该导弹全系统的自用型号命名是3S90，绰号"飓风"，出口型号命名为"Shtil"，意译是"无风"，音译为"施基利"。

陆基"山毛榉"M1
（SA-11）地空导弹系统

SA-N-7"施基利"舰空导弹系统采用单臂发射架，在"现代"级上安装2部，分别布置在舰艏和舰艉。每个发射架各有一个备弹库，可存储24枚导弹。使用的防空导弹型号名为9M38，弹长5.55米，弹径0.4米，翼展0.8米，总重690千克，最大飞行速度3马赫。导弹的最大有效射程30千米，最小有效射程3.5千米，最大射高28千米，采用重达70千克的高爆破片战斗部、固体火箭发动机和全程半主动雷达制导。

SA-N-7"施基利"
舰空导弹

SA-N-7"施基利"舰空导弹系统能够有效拦截以0.95马赫的速度飞行的亚音速导弹，拦截成功率在80%以上；也能拦截以2.5马赫速度飞行的高速飞机和超音速反舰导弹，不过单发命中概率要明显低于拦截亚音速反舰导弹。在向同一目标发射2枚导弹的情况下，对飞

机的拦截概率为80%～96%，对反舰导弹的命中概率为43%～86%，在必要时还可以攻击水面目标。SA-N-7"施基利"舰空导弹系统反应极其灵敏，从雷达告警到导弹发射，系统反应时间小于20秒，可在极短的时间间隔内发射多枚舰空导弹拦截来袭目标。

不过，一向崇尚武器装备核心技术自主化的中国，在批准后继两艘改进型"现代"级导弹驱逐舰采购计划的同时，也很快引进了这两艘舰上搭载安装的SA-N-12"灰熊"中程防空导弹（SA-N-7"施基利"舰空导弹的改进型）的技术，只不过这一次是要把它安装在新型的国产大型导弹驱逐舰上。

2002年5月，国产052B型导弹驱逐舰首舰168号"广州"舰的舰体在船台成型，在该舰的前部甲板上和后部直升机机库顶部右侧，安装了2部酷似"施基利"系统的发射装置而引起了人们的关注。其实，上面安装的是SA-N-7"施基利"舰空导弹的改进型——SA-N-12"灰熊"中程舰空导弹系统。

SA-N-12"灰熊"中程舰空导弹系统的研制始于1983年，即在SA-N-7"施基利"舰空导弹开始定型服役后就开始了，在20世纪90年代最终完成研制。由于受到苏联解体

正在吊装上舰的SA-N-12"灰熊"中程舰空导弹

的影响，直到2004年才开始曝光在媒体面前。该型舰空导弹系统主要改进在于采用新型火箭发动机扩大射程，系统增加了指令修正制导技术和波谱识别技术，采用新型信号处理装置并改进射控软件和高灵敏度引信装置，并增加了测高能力和距离截止措施，对掠海飞行的反舰导弹拦截高度更低。SA-N-12"灰熊"中程舰空导弹尺寸、重量与"施基利"基本相当，最大射程从30千米提高到38千米，如按另一个标准计算，即导弹的最大飞行斜距，则达到了50千米。最小拦截高度则从50米下降到25米。

在引进SA-N-12"灰熊"中程舰空导弹系统的技术后，我国开始了自己设计研制先进中程舰空导弹——"红旗"-16的工作。但在中国人民解放军装备序列中，并没有"海红旗"-16这种称呼，因为这型防空导弹在设计之初，就兼顾海陆通用，官方统一称呼其为"红旗"-16中程防空导弹系统。而为了便于区分，一般的刊物还是会按照习惯将陆军野战防空系统称为"红旗"-16，而海军中程区域防空系统则称为"海红旗"-16。

"海红旗"-16中程舰空导弹系统是中国参照随第一批2艘"现代"级导弹驱逐舰一同引进的俄制SA-N-7"施基利"舰空导弹设计研制的，两者的弹体尺寸和重量基本相当，但"海红旗"-16采用了更先进的制导和控制技术，弹尾增加了燃气矢量舵，导弹在发射后能根据目标方向实现程序转弯。"红旗"-16的射程在35千米到40千米左右，最大飞行速度4马赫，有效射高10～25000米，单发命中概率70%～98%，反应时间5～8秒，弹长2.9米，弹径0.232米，弹重165千克，战斗部重17千克。采用半主动雷达制导，在配备多座目标照射雷达后即可实现多目标攻击，对中低空、超低空的中小型目标具有强大的拦截能力。陆军使用的是6联装车载垂直发射筒，而海军054A型导弹护卫舰上使用的是类似于美国海军MK-41垂直发射装置的32联装方形垂直发射箱。

"海红旗"-16舰空导弹垂直发射装置主要由标准发射模块、导弹储运发射箱以及相关控制系统组成。其中标准发射模块是整个垂直发射装置的基础，由8个直径为0.6米的隔舱组件构成，整个模块长3.5米，宽2.2米，

"海红旗"-16舰空导弹

深5.8米，搭载平台可根据自身特点和大小选择一个或多个标准模块，每个隔舱组件均有独立的舱盖开启机构。为了提高抗毁伤能力，模块舱体表面由具备防弹能力的高强度钢制成，对小口径弹药和导弹破片有较好的防护能力。标准发射模块中部设有一个共用的排焰通道，用于排出导弹点火后的高温燃气尾焰。发射模块可以根据作战需要配备2种导弹，一种为"红旗"-16中程舰空导弹，另一种为新型反潜导弹，两者均采用长度为5.8米的储运发射箱。

"海红旗"-16舰空导弹系统是解放军装备序列中第二种在设计之初就考虑了陆海通用的防空导弹（第一种是"红旗"-61）。因为其弹体在设计之初就参考了俄制SA-N-7"施基利"舰空导弹及后来引进的SA-N-12"灰熊"舰空导弹。因此，"海红旗"-16舰空导弹的作战目标就能扩展为战术飞机、反舰导弹、战术空射型导弹、直升

"海红旗"-16舰空导弹及其舰载垂直发射装置的研制时间，应该在20世纪90年代末期。根据054A型导弹护卫舰首舰在2006年9月下水的时间推算，"海红旗"-16导弹及其舰载垂直发射装置前后只用了不到6年时间就研制成功，创下了中国海军舰用导弹武器研制时间最短的纪录，也为保证后续054A型护卫舰的批量建造扫清了障碍。054A型导弹护卫舰虽然开工建造的时间比052C型导弹驱逐舰晚了两年多，但却在短短的9年内建造了22艘，可见在目前中国海军水面舰艇中，054A型导弹护卫舰的地位非常重要，而这与"海红旗"-16舰空导弹及其舰载垂直发射装置高效的作战能力是密不可分的。

054A型导弹护卫舰上的舰载垂直发射装置

机和无人机，可以在中低空范围内对抗大规模现代武器的空中袭击和导弹攻击，主要担负起海上编队防空系统中的中近程防御任务，这样同时弥补了中国海军"海红旗"-9远程舰空导弹和"海红旗"-7及"海红旗"-10近程舰空导弹的空白。

从SA-N-7"施基利"舰空导弹及后来引进的SA-N-12"灰熊"舰空导弹，到自行生产的"海红旗"-16舰空导弹系统，这三种中程舰空导弹系统对于建立起中国海军舰队多层防空网提供了很大的帮助，特别是在对付掠海飞行反舰导弹的抗饱和攻击方面，填补了中国海军在这方面的现实差距，使中国海军真正具备了有效的海上编队区域防空能力。

4.5 中国海军海上远程防空的保护伞——"海红旗"-9舰空导弹

21世纪初，能够代表当时中国海军舰艇防空作战能力实现跨越式发展的标志性装备，被外界称之为"中华神盾"的国产052C型导弹驱逐舰横空出世。该型导弹驱逐舰是中国海军首次采用相控阵雷达系统的导弹驱逐舰。舰上搭载国产相控阵雷达的主要优点之一在于能取代多部功能单一的雷达，在减少舰上雷达数量、有效解决以往多部雷达易相互干扰及反应时间长等问题的同时，还具有覆盖范围大、跟踪目标多和抗干扰能力强、有利于实现全向快速拦截和抗饱和攻击的长处。

052C型导弹驱逐舰

与此相对应的是，在该舰上安装的新型八联装"海红旗"-9型远程舰空导弹，这些导弹装备在八个圆柱形的垂直发射单元里，每个发射单元安装有呈一定角度的6个垂直发射筒。在前主炮后和舰桥前的空间布置了六个这样的发射单元，在舰艉直升机库前布置了两个发射单元。"海红旗"-9舰空导弹弹长6.8米，弹径0.47米，弹重1300千克，战斗部重180千克，最大射程对飞机为120～150千米、对导弹类目标为25千米，最小射程对飞机20千米、对导弹类目标5～7千米，最大射高27千米，可同时攻击6个目标，拦截高度20～25000米，最大速度1300米/秒。可

飞机和导弹的大小、飞行速度和高度有很大差异，因此，它们的数据会有很大不同。

"海红旗"-9舰空导弹

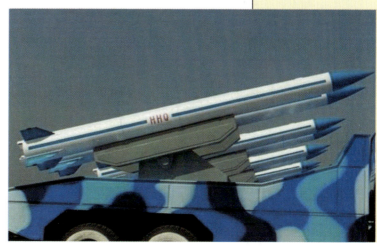

有效阻止敌空中高速作战平台进入其中、高空打击空域，或迫使敌机在我远距离防御圈外发射反舰导弹，为我舰载反导武器系统赢得充裕的反应时间。

有别于美国专门独立研制的"标准"系列远程舰空导弹系统，中国的"海红旗"-9远程舰空导弹系统与之前的"海红旗"-16舰空导弹系统一样，走的也是陆海空军通用的防空导弹研制路径。负责陆军和空军防空任务的被称为"红旗"-9，而海军的舰空导弹型号则被称为"海红旗"-9，对外销售的型号则称为"FD-2000"。因此，要深入了解"海红旗"-9远程舰空导弹系统，就要从其陆上型号"红旗"-9开始说起。

20世纪50年代末，为了加强我国国土防空力量，中国在引进苏联S-75的基础上，仿制了"红旗"-2地空导弹系统。但是，"红旗"-2系列中程地空导弹脱胎于苏联战后第一代地空导弹，其主要性能在20世纪60年代已经开始落后，特别是在美国的新型战略侦察机——SR-71"黑鸟"出现并频繁侵入我国领空之后，更加显示出装备新一代地空导弹的紧迫性。于是，我国科研人员在"红旗"-2地空导弹的基础上，进行了"红旗"-3中程防空导弹和"红旗"-4远程防空导弹的研制。

"红旗"-2地空导弹

遗憾的是，由于"文革"的影响以及缺乏相关的技术储备，这两种导弹实际上性能并没得到飞跃。最终，"红旗"－3中程地空导弹只进行了少量生产，并因为后勤保障原因早早退役。而"红旗"－4远程地空导弹仅仅进行了样弹试验，最终因为装备科研项目调整而下马。我国依靠自身力量进行地空导弹现代化的努力遭到了重大的挫折。所以，至20世纪90年代末期长达40年的时间里，性能落后的"红旗"-2地空导弹便一直承担着主力防空导弹的角色。

　　改革开放为我国各个方面的发展注入了新的活力，由于与西方国家关系的改善，我国也借机力图从西方发达国家引进各种急需的军事技术。但是，由于此时正处于地空导弹从第二代向第三代转换的过程，西方国家愿意出售的第二代地空导弹不能满足我国的需求，而第三代地空导弹又不能向我国出售，再加上国内坚持以经济发展为中心，军费遭到大幅度削减，各军兵种的多数科研和改进项目都因为缺乏资金等问题而停滞，我国借助中西蜜月迅速提高地空导弹防空能力的愿望也随之落空。

　　出乎意料的转机来自北方的强邻——苏联。为了改善国际环境，1989年5月15日，时任苏联最高领导人的戈尔巴乔夫访华，中苏两国关系实现了正常化。原先一直处于完全中断状态的中苏军贸也随之重新拉开了帷幕。出于拉拢昔日的"同志加兄弟"的考虑，苏联的诸多新式武器对中国做出了最大程度的开放，众所周知的重型战斗机"苏－27"出口中国的合同就是在这一短暂的时期内达成的。

　　而让世人始料未及的是，苏联在短短的几个月之后就发生了天翻地覆的变化——在各种势力的推动下苏联解体了，红色巨人不复存在。新生的俄罗斯不但继承了苏联的大部分领土，也继承了苏联的大部分债务。由于国内经济的崩溃，俄罗斯只能依靠推动军贸来回笼资金。这时的俄军武器库已经对我国完全开放，而西方国家对中国的集体制裁，也迫使中国转向俄罗斯寻找更多的先进武器。最终，从1992年开始，中国陆续从俄罗斯进口了相当数量的S-300中远程防空导弹系统，用以部分替代早已落后的"红旗"-2地空导弹，以满足国土和要地防空的紧迫需要。

S-300中远程防空导弹系统是苏联研制的第三代中远程地空导弹，其突出特点是采用了相控阵雷达、TVM（复合）制导方式以及导弹垂直发射等先进技术。与同期美制"爱国者"地空导弹相比，虽然因为技术水平相对落后而导致各部分子系统都比较庞大，但总体水平与之相当。S-300系统系列中远程防空导弹采用的垂直发射方式，有利于同时攻击不同方向的多个目标，比倾斜发射的美国"爱国者"地空导弹系统更胜一筹，而所有设备都装载于自行轮式越野底盘上，地面机动性也比拖车牵引的"爱国者"地空导弹系统好。

虽然从俄罗斯引进了世界上较为先进的S-300中远程防空导弹系统，但中国的科研人员并没有放弃研制国产第三代地空导弹系统的努力。终于在1998年末，由中国精密机械进出口公司对外展示了一种名为"FT-2000"的中远程地空导弹系统，在一年之后的中华人民共和国成

S-300防空导弹发射车

立50周年国庆阅兵式上，浩浩荡荡行驶在长安街上。该型地空导弹系统很像S-300中远程防空导弹

FT-2000反辐射地空导弹

系统，但是从提供的导弹模型图片来看，这种带小展弦比、大边条弹翼的导弹与S-300导弹明显不同，显然不是简单仿制的结果。然而令人惊奇的是，"FT-2000"地空导弹使用的却是反辐射导引头。显然，其并不是国内将要正式装备的新型防空导弹。

进入21世纪后，种种迹象表明，一种新型的国产中远程防空导弹已经投入了使用，这些迹象包括了新闻中偶然出现的片段，网络上的传闻以及一些明显不同于S-300防空导弹系统的图片。尤其在2003年4月，中国海军的052C型导弹驱逐舰的出现，更加清晰地证明了"红旗"-9中远程防空导弹的存在。

直到2008年末，中国精密机械进出口公司在南非

FD-2000中远程地空导弹

开普敦的非洲防务展上展出了一种名为"FD-2000"的中远程地空导弹系统，其特征与网上流传的"红旗"-9地空导弹几乎毫

无二致。显然，这才是真正的"红旗"-9地空导弹的出口版本。"红旗"-9在国内外都属于第三代防空导弹系统，杀伤空域大，抗干扰和抗多目标饱和攻击能力强。但是由于研制时国内的导弹推进技术尚不发达，所以导弹的性能相对较低，而导弹的雷达电子设备则相对比较先进。

综合对外披露FD-2000地空导弹的介绍以及其他一些资料显示，"红旗"-9地空导弹系统以营为基本作战单位，配备有一辆搜索雷达车，一辆跟踪、制导雷达车，一辆指挥控制车和6辆四联装导弹发射车，以及其他一些辅助车辆。

搜索雷达车使用的是大型无源相控阵雷达，与S-300地空导弹的搜索雷达类似，主要用于日常警戒，向指挥控制车提供准确的全方位空情，以及时指导作战单元拦截目标。

"红旗"-9地空导弹系统的跟踪、制导雷达车也采用了大型无源相控阵雷达。从外观上看，该雷达更加接近于"爱国者"防空导弹的跟踪、制导雷达，不同的是，敌我识别天线阵位于雷达天线顶端，指令发送天线也相对较小。四联装导弹发射车仍然与S-300地空导弹相似，发射车后部起竖架上装有四个导弹储运、发射筒，同样采用了将导弹抛射出发射筒之后再点火的冷发射方式。

"红旗"-9地空导弹是整个防空导弹系统的核心，采用了无弹翼、小尾翼的布局方式，与"爱国者"导弹一致。由于国内固体火箭发动机、电子设备技术的限制，"红旗"-9仍然与S-300的导弹几乎同样粗壮，与较为小巧的"爱国者"导弹相比，还存在着一定的差距。

但是，为了提高"红旗"-9地空导弹的作战效能，该弹采用了"惯导＋中段指令＋末端主动雷达制导"的制导模式。与末段TVM制导相比，对于无强大主动干扰能力的导弹、无人机等目标会有更高的命中概率。而在设计定型阶段，"红旗"-9实弹打靶时，也的确多次直接命中靶机。后来，国内对其进行了改进，并采用HTPB高能燃料，换装了高质量纤维/环氧复合材料发动机壳体，并将高质冲比技术实用化，改进后的导弹称作"红旗"-9A。"红旗"-9A的性能特别是在反导弹作战的性能和优势方面相当突出，配合适当改良的电子设备和升级软件，将一跃成为世界先进的双重用途先进防空导弹系统。"海红旗"-9舰空导弹系统就是在其基础上发展来的，"海红旗"-9也是"红旗"-9中远程地空导弹目前唯

正在垂直发射的"海红旗"-9中远程舰空导弹

一确定的海军型号。该型舰空导弹系统同时也是中国海军目前的制式中远程区域防空导弹。除了装备在052C型导弹驱逐舰上，还安装在比052C型更先进的052D型导弹驱逐舰上，为中国的水面舰队提供完整的远程区域防空保护。

该型舰空导弹同样沿用了冷发射方式，为此，舰上导弹发射装置向舷外倾斜一个角度，防止导弹点火失败坠落到舰上引发危险。由于052C型导弹驱逐舰排水量较小，"海红旗"-9舰空导弹的垂直发射装置使用了6联装的布置方式，以适应有限的舰体空间。"海红旗"-9舰空导弹采用类似S-300F的弹射式垂直发射方式发射，但发射装置有所不同。S-300F采用的是8联装的"左轮"式发射装置，8枚导弹共用一个发射口，也就是说每个单元只有一枚待发弹，只有在这枚弹发射出去之后，下一枚弹才能

旋转到待发位置，同时进行加电。这种方式的主要缺点是系统结构复杂，同时也影响发射速率。而"海红旗"-9的发射装置是不能旋转的6联装"集束"式，每一枚弹都是待发弹，相对于S-300F系统，简化了结构，提高了发射速率。

而在052D型导弹驱逐舰上安装的是通用型的垂直发射系统，该系统不但可以实现"热"发射"海红旗"-9舰空导弹，同时还可以发射对地攻击巡航导弹和远程反舰导弹，系统具有很强的通用性。

052D型导弹驱逐舰

综合多方面信息来看，今后一定时期内中国海军水面舰艇的防空作战系统将采用成熟的国产"海红旗"-9中远程舰空导弹系统、"海红旗"-16中程区域舰空导弹系统和"海红旗"-10或者"海红旗"-7近程舰空导弹系统组成全方位、大区域和大纵深、多层次的水面防空体系，再进而将其纳入包括航母搭载的舰载航空兵或者陆基海军航空兵在内的更大覆盖范围的海上防空作战体系，为中国海军逐渐成形的海上大编队（航母编队）作战提供可靠的空中安全保护。

第5章 海战导弹未来管窥

5.1 从美国LRASM管窥未来反舰导弹的发展

从第二次世界大战结束至今，反舰导弹已经走过了70年的历程。这期间随着科技的发展，反舰导弹技术也得到了长足进步，并且在现代海战中起到了重要作用，产生过重大影响。综合之前的反舰导弹作战能力，未来反舰导弹的发展将会集中在以下几个方面。

首先是高超音速。速度依旧是一个很重要的优势。在古代武侠书中流传这样一句话，"天下武功，唯快不破"，客观反映出"快"的力量。现在的超音速反舰导弹采用亚燃冲压火箭发动机，由于其进气气流速度被控制在亚音速，导弹最大速度不超过5马赫，而未来反舰导弹的速度可能会朝着7马赫甚至10马赫的方向发展，所以一般的冲压发动机已经无法满足要求。新一代的发动机已经在试验和计划装备阶段，它将是很好的选择。

其次是智能化。反舰导弹不只是"一介武夫"，而应该有更聪明的"头脑"。未来的反舰导弹将装备多模导引头，其中射频光电系统及其他导引头或导引方式的输出可通过数据合成处理而融合，得出的最终结果要比单独从射频或电光传感器得出的结果更准确。此外，导弹的导引头将有更强的抗干扰能力，具备在复杂电磁战场环境下的强大作战能力。

最后是信息化。随着三军通用数据链的使用，战场态势更加透明，通过给反舰导弹加装双向数据链，可以使其战术使用更加灵活，多平台打击能力更强，并且还将具有执行多任务的能力。未来的反舰导弹将不仅仅具备反舰的能力，也能攻击陆地上的固定目标。

以上未来反舰导弹的种种特点，都可以通过美国远程反舰导弹(LRASM)项目一窥究竟。长期以来，美国海军虽然承认其反舰导弹领域存在"火力空白"，现役反舰导弹仅有"鱼叉"反舰导弹这一亚音速系列，最大射程只有240千米，战场效能较为有限，但凭借着强大的航母战斗群，远程反舰作战任务基本由航母上的舰载机负责，对反舰导弹的依赖程度并不高。因此美国主要致力于"鱼叉"反舰导弹的改进升级，在很长一段时间内并未发展出性能有革命性提升的全新反舰导弹。

"鱼叉"反舰导弹

然而，随着预定作战环境的变化，在美军"空海一体战"战略中要对付的潜在对手却拥有强大的远程打击能力，一旦航母战斗群遭到大规模大威力精确制导武器的火力突袭，很可能遭受难以承受的严重损失，因此必须提升单舰制海作战能力。为了更好地反制对方，美国开始研制具有远程精确打击能力的新型反舰导弹，并且要求具备"在敌方反舰导弹射程外发射该导弹，攻击敌方主力战舰的能力"。另外，由于中国于2007年1月曾经进行了一次反卫星武器试验，美军也考虑到了作战时对方干扰或者摧毁GPS系统的情况，因此美国军方对性能提出明确要求：在潜在对手对美国海军GPS全球定位系统实施干扰的情形之下，新型反舰导弹也能有效击沉敌方舰只。

在这个大背景下，美国海军在新型远程反舰导弹的寻求过程中，各种设计计划和方案不断。如于2009年取消的"鱼叉"Block 3改进型和2009年9月之后鲜见报道的多任务反舰"战斧"导弹的研发计划。美国海军考虑换装的候选方案还包括增程型联合防区外武器(JSOW-ER)、反舰型联合空地防区外导弹(JASSM-ASUW)以及联合打击导弹(JSM)。而由DARPA主导实施的远程反舰导弹（LRASM）项目更是同时发展亚音速隐身和超音速高机动两种方案，尤为引人注目。由美国国防部高级研究计划局（DARPA）和海军联合实施的LRASM项目于2009年正式启动，承包商为军工巨头洛克希德·马丁公司。

　　该导弹的导引头由英国BAE系统公司信息与电子系统集成分部研制，这也是整个LRASM项目的关键——可以说该项目许多方面的工作就是围绕这种导引头进行的。总体上，LRASM将采用涉及雷达／光电／红外等技术的多模导引头技术，其弹载传感器系统和制导技术将成为研发的关键和难点。按照美国海军的需求意图，LRASM将是综合了大量传感器及系统，具有隐身和高生存能力的亚音速巡航导弹，重点在于降低导弹在电子战环境中对情报、监视和侦察平台、通信网络以及GPS导航系统的依赖。

　　总体来说，根据美国海军需求，LRASM分为空射型和舰射型（采用MK41标准垂直发射装置发射）两种。

LRASM

同时，按以往美国同类导弹的发展情况推断，不排除LRASM将来也可以由美国海军核潜艇携带的可能性。

为了扩大目标打击范围，尤其是争取能在对方的防御／进攻武器射程之外打击其水面舰艇的能力，同时尽可能减少自身被对方反击的危险，LRASM射程将较现役反舰导弹有显著增加以便战时实现防区外发射。即希望美军舰艇有能力在潜在对手的反舰导弹射程之外发射该导弹，攻击敌方主力战舰，以确保美军在反介入环境中海上作战的优势地位。虽然美国一直没有给出LRASM的具体射程指标，但考虑到LRASM的作战应用设定，再鉴于LRASM-A方案的弹体结构源自JASSM-ER，JASSM-ER导弹射程926千米，因此，LRASM型导弹的射程有可能超过1000千米，以满足防区外发射对射程的要求。据此，我们完全可以大胆推测LRASM的射程要求在600千米以上，可能在600～2000千米之间。

为支撑防区外发射的远程作战能力，导航制导技术和突防方案成为LRASM研制发展的关键。为此，LRASM弹体采用大量的复合材料，具有先进的辐射特征抑制能力，这就大大降低了导弹的雷达信号，增强了导弹的隐身性能，提高了自身突防能力和生存能力。另外，较强的机动性能和末段的掠海飞行性能也都有效规避了对方的拦截火力，大大提高了导弹的生存能力。作为反舰作战中防区外发射的远程反舰导弹，它不仅能够有效突防进入敌方防御系统，而且还要在远离发射平台的情况下完成对目标的精确打击。然而一旦信息网络遭受打击，依赖各种中继平台更新目标信息或进行辅助导航定位的导弹武器就不能完成对目标的精确打击。也正因为如此，作为新一代高性能远程反舰武器，LRASM的弹载设备虽然包含GPS接收机、数据链路等，具备信息化和网络化作战能力，但在具备信息化网络化作战能力的基础上，LRASM不再停留于对外界信息的依赖，转而发展无中继制导技术。这样，当数据链路切断，无法从中继平台上获取精确信息时，LRASM还可依靠先进的弹载传感器技术和数据处理能力来进行目标探测和识别，在无任何中继制导信息支持的情况下完全自主导航和精确末制导，独立地突破敌方的防御，完全自主地完成对特定目标的识别和精确打击，凸显全面自主化、智能化的特点。

总之，具备在传感器及信息网络完全切断的情况下工作的能力，使LRASM能够依靠先进的弹载传感器技术和数据处理能力来进行目标探测和识别，减少对外界信息源、数据链以及GPS信息的依赖，即能够在无任何中继制导信息支持的情况下进行完全自主导航和精确末制导。

目前，洛克希德·马丁公司导弹与火控分公司已经提出了两种原型武器系统设计概念（LRASM-A与LRASM-B方案）。洛克希德·马丁公司发展的LRASM-A实际上是该公司为美国空军研制的"联合空对地防区外导弹—增程型"（JASSM-ER）的海上打击改型，并在其基础上又加入了新型传感器以及相应的子系统。LRASM-A方案的弹体结构源自JASSM-ER，JASSM-ER的气动性能和隐身能力已得到广泛认可。

JASSM-ER导弹战斗部为450千克，射程926千米，因此，LRASM-A型导弹的射程可能与其相当，满足区外发射对射程的要求。而基于JASSM-ER的隐身优势，LRASM-A型导弹从气动外形设计、材料选取和辐射信号抑制等方面也大量应用成熟技术，突防性能和技术成熟度俱佳，能尽快满足美军当前的反水面作战需求。整体而言，LRASM-A是一种具备高生存能力的隐形亚音速巡航导

JASSM是洛克希德·马丁公司为美国空/海军研制的新一代通用防区外空地导弹。该弹主要用来从敌防空区外精确打击严密设防的高价值目标，同时要求导弹本身具有雷达隐形能力。JASSM-ER是其增程型。

弹，而且技术已经比较成熟，由于弹体采用大量复合材料，可大大降低导弹的雷达信号，提高突防能力，凭借新型发动机和携带较大容量的燃料，LRASM-A型导弹的

联合空对地防区外导弹（JASSM）

射程最终可能超过1000千米，满足防区外发射对射程的要求。另外它配装有射频制导系统、武器数据链、光电导引头。其中射频制导系统使该导弹能够在舰船反导防御手段的作用距离之外发现舰船目标(同时也有可能被用于导航)，武器数据链用于和战场指挥员进行通信，该导弹在末段能实现掠海飞行，依靠光电导引头来进行目标识别和精确目标指示。该导弹也采用了一个改进的数字抗干扰GPS系统，用于探测和摧毁海洋中众多舰船中的特定目标。

　　至于洛克希德·马丁公司发展的LRASM-B，则是一款超音速高机动型反舰导弹，飞行高度高，飞行速度可能超过4倍声速，同时具有较好的机动飞行能力，射程与LRASM-A型不相上下。LRASM-B方案采用整体式冲压发动机。由于当前3马赫以上级别超音速反舰导弹受发射质量和体积限制，其最大射程难以达到600千米以上。因此，推测LRASM-B的飞行速度可能在

3.5～4.5马赫之间。有报道称，LRASM-B很可能采用已有的成果，具有一定的技术基础。但对于以3.5～4.5马赫的超音速持续飞行5分钟以上并进行大机动的作战需求，LRASM-B需要解决冲压发动机及其与整体外形的气动匹配、热防护材料与结构和飞行控制等问题。而面对日益发展的舰载防空系统，LRASM-B应用高速进行突防还必须兼顾气动外形和隐身性能，实现速度和隐身性能之间的平衡。事实上，速度虽是影响反舰导弹发展和改进作战能力的重要因素，但却不是全部和唯一因素。超音速方案速度大幅提高，高速特性使得敌方防御系统反应和拦截的时间很短，生存概率提高。但高速带来隐身性能较差，被发现概率增加，导弹的总体作战性能不一定提高。LRASM-B型导弹第二阶段的研究最终由于研制风险明显过高，综合各因素的利弊，美国国防部于2012年初决定放弃LRASM-B的研制工作。现在所说的LRASM其实为LRASM-A。

由于LRASM-B的下马，为了保证LRASM-A的顺利发展，美国国防部对LRASM项目进行了调整。2013年3月，洛克希德·马丁公司再次获得了一份美国国防部的修订合同。合同规定2013年将进行三次发射LRASM试验，比原计划增加一次，美国空军也将参与其中，该军种将使用一架B-1B轰炸机作为空射型LRASM的试验平台。另外，发展LRASM本身就是美国空军和海军践行"空海一体战"作战理论的重要组成部分。

LRASM-A导弹在2015年达到初始作战能力。美国海空军可以远距离对敌国大型水面战舰进行打击。LRASM-A导弹所要攻击的军舰也非常明显，若美军海军要攻击5000吨级以下驱护舰之类的目标，美国现役的"鱼叉"、"斯拉姆"-ER等导弹就已经足够，LRASM-A导弹所要攻击的目标主要是航母、两栖攻击舰、大型驱逐舰等大型水面舰体。LRASM-A导弹对别国海军战舰特别是航母的威胁是显而易见的，用美国国防部高级研究计划局高官的话来说，LRASM-A导弹是一种"改变博弈规则"的重型反舰导弹。

美国在反舰导弹领域是一个"后来者"，虽然起步较晚，但美国反舰导弹的发展脉络、研

B-1B 轰炸机投放 LRASM

发理念和技术方向却是异常清晰的，不但技术水平稳稳地保持在第一梯队，设计理念更是引领全世界的"潮流所向"。大体来讲，美国反舰导弹的研发"套路"可以被总结为：技术起点高，坚持系列化、通用化发展道路，注重成本控制和技术风险，根据作战环境变化不断升级改造，基于"系统集成、技术融合"思想，打造新一代远程"智能"反舰导弹。因此，也在一定程度上引领了未来世界反舰导弹的发展潮流。

5.2 反舰导弹与弹道导弹"嫁接"——反舰弹道导弹

"反舰弹道导弹"的概念最早源自苏联在赫鲁晓夫时代曾秘密研制过的，具有末端制导能力，可打击移动目标的弹道导弹。由于此类弹道导弹主要针对的是海上大型目标（如航母战斗群），故被称为"反舰弹道导弹"，也叫"航母杀手"。那个时期，苏联面临的紧迫课题是如何克制具有单边优势的美国海军，于是在1960年，全苏联导弹火箭及航空系统会议上，苏联海军提出了以弹道导弹反击美国航母优势的技术要求。时任第52特种设计局总设计师的切洛梅首次在会议上提出来，研制一种能够击中海

R-27弹道导弹

上机动目标的弹道导弹，全系统研制代号是"R-27"。在赫鲁晓夫的推动下，R-27反舰弹道导弹方案于1962年4月通过了苏联部长会议国防委员会的审核。

1962年，苏共中央和苏联部长会议决定研制发射4K10（R-27）液体弹道导弹的D-5潜射系统，之后切洛梅认为这种导弹很适合改进为反舰弹道导弹，无须全新研制一个单独型号的弹道导弹。新导弹被命名为4K18（R-27K）反舰弹道导弹，北约代号SS-NX-13。

R-27K导弹使用威力较强的核装药战斗部，发射重量13.25吨，长9米，直径1.5米，最大射程900千米。1970年新型反舰导弹开始试验，在卡普斯京亚尔训练场进行了20次试射，其中16次成功。从1972年12月起，改由605型（629A改进型）K-102号柴电潜艇试射，11次发射10次成功，最后一次是在1975年，导弹准确命中了目标船只。

导弹从潜艇发射后，先按预定弹道飞行，30秒后导弹第二级开始工作。当导弹上升到300千米高的弹道顶点时，导弹的战斗部开始调整姿态，打开雷达，目标搜索和跟踪系统开始工作，弹上雷达系统可捕获偏离预定弹着点65千米半径内的大型海上舰船目标。捕获目标后，导弹弹体重新取向，根据目标的实际位置用控制小火箭修正飞行弹道（持续8秒钟）。修正两次后，火箭推进体与弹体分离，携带核弹的战斗部以修正后的弹道直接飞向瞄准点，然后命中目标。

不过，苏军最终放弃了这种独一无二的武器。原因有很多，主要有两个。一是原计划装配R-27K弹道导弹的667V型核潜艇，在美苏1972年签署的限制战略武器条约受限之列，苏联被迫"忍痛割爱"；二是人为因素，苏联海军司令部意识到一旦装备R-27K导弹，实际上等于否决了打造远洋舰队的庞大计划。因此，苏联最后放弃了这一大胆而创新的想法。

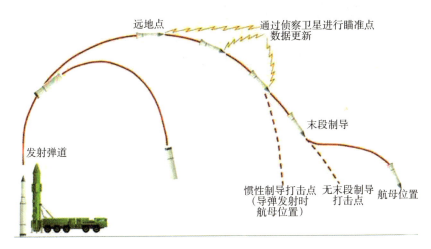

反舰弹道导弹的弹道飞行方式

而几乎与此同时，中国也开始了"反舰弹道导弹"的初始概念研究。但之后因种种原因搁置。

1996年的台海导弹危机中，面对美军两个航母战斗群迅速接近台海，中国由此加速了研制"反舰弹道导弹"的步伐。当年一位解放军总参谋部高级官员曾亲口对美国驻华武官拉里·沃兹尔上校说："我们将要用弹道导弹击沉你们的航母。"至此之后，很多深入讨论此课题的文章陆续披露，当时掌握战略导弹的解放军第二炮兵部队在2003年发表的一份可行性研究报告中指出，相关"反舰弹道导弹"的概念设计已经进行了五年多的研究。

要想拒航母于安全距离之外，首先要考虑海洋监视体系的涵盖范围、数据传输与目标可容许逃逸的最大范围，选择一种成熟可靠的陆基中程弹道导弹加以改造。因此，中国选用了可机动发射的以固体燃料为推进剂的

"东风"-26 反舰弹道导弹

"东风"-21弹道导弹作为发展基准型。该型弹道导弹的射程约为1750千米，采用末段制导，圆概率误差约为50米。末段制导的"东风"-21C于2002年12月19日进行了首次试射，2003年六七月进行了第二次试射。该导弹的研发据说只用了24个月。继"东风"-21C之后的改进型是"东风"-21D，到2010年，一种射程在2500千米的升级版反舰弹道导弹"东风"-26也进入解放军二炮(今火箭军)服役。

一般认为打击机动的大型水面舰只，传统弹道导弹的是无法实现的，必须对弹道导弹本身实施多项改装。导弹返回地面的飞行过程中将改用"助推—滑翔"弹道，又称"钱学森弹道"，以取代传统的抛物线弹道。采用"助推—滑翔"弹道时，导弹在近太空(20～100千米高空)与大气层间跳进跳出，大部分飞行停留在大气层内，这使导弹具有巡航导弹与弹道导

反舰弹道导弹的"助推—滑翔"弹道，又称"钱学森弹道"

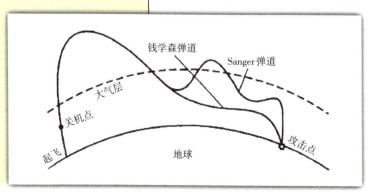

弹的混合特性。在这种情况下，"东风"-21C导弹新增加的第三级液体、固体混合燃料的加力器会被点燃若干次，使其在飞行中段形成多个波浪形弹道，完全改变弹道导弹传统抛物线的飞行路径，使末段时速减少至8~10马赫，便于实施导弹的制导，并在导弹飞行的中段螺旋式上升、旋转以及滑翔等运动。这些运动是为了增加导弹末段的目标搜索范围，以便击中海上运动的目标，同时可以干扰目标对导弹的探测和提升拦截的难度。

当导弹飞抵末段时，弹头上的各种寻的器将用于目标寻获，使导弹能正确飞向航母或其他特定舰艇。具备能自动导向水面目标的导引头是反舰弹道导弹最大的特点。据资料显示，解放军研发的反舰弹道导弹上配备有合成孔径雷达、主动或被动式微波雷达及红外图像等末段制导设备，以及自动的目标识别软件，使导弹能自动制导与导向。

导弹要击中目标，除了要有末段制导能力之外，另一重要条件就是能穿透美国导弹防御系统，主要是航母外围部署的3~4艘"宙斯盾"舰，这些舰只具有弹道导弹探测（"宙斯盾"系统）和拦截（"标准"-3导弹）的能力。反舰弹道导弹从最高点重返大气层开始其"助推—滑翔"弹道，在大气层与近太空间展开多个波浪形弹跳，这种变轨将使"宙斯盾"舰搭载的"标准"-3导弹实施中段拦截产生极大困难。由于传统导弹防御在理论上主要取决于预测导弹飞行弹道，因而变轨将使预测发生困难。针对末段反导武器拦截，中国反舰弹道导弹在末段同样改用包括螺旋式的运动，使对方末段拦截产生相当大的困难。

美军的反导系统对"东风"-21D和"东风"-26反舰弹道导弹的拦截必定产生困难，这不仅会对水面舰艇造成威胁，也会使美军为防御"第一岛链"和日本军事基地所设立的导弹防御体系失效。可以说，"东风"系列反舰弹道导弹对距中国1500千米内的陆地基地同样构成威胁。并且用弹道导弹攻击1500千米之外包括航母打击群在内的海上舰艇编队，这项

"东风"-21D反舰弹道导弹

能力已超过航母打击群能进行对抗的距离。如果美国航母被迫在解放军反舰弹道导弹攻击范围之外运动，那么其搭载的兵力（如 F/A-18E/F 战机）将被迫在更远的距离外起飞作战，其作战效益将大幅降低。

此外，中国反舰弹道导弹和其他海上能力的发展已影响到美国国防部的投资决定。对反舰弹道导弹的担忧已在五角大楼决定削减海军DDG-1000驱逐舰建造计划上发挥了重大影响。2008年7月31日，美国海军在国会听证会上主动提出，将原来7艘DDG-1000"朱姆沃尔特"级导弹驱逐舰建造计划进行削减，只保留先前决定开工的2艘，将节省下的经费转为采购更多的DDG-51"伯克"级"宙斯盾"型导弹驱逐舰，以应对新出现的导弹威胁。中国新型反舰弹道导弹被认为足以攻破DDG-1000的防护网，美军必须停止建造反导能力不足的新舰，而继续建造具有反导能力的"宙斯盾"舰。

2015年9月3日在北京天安门举行的"抗战胜利日"大阅兵显示，中国已经成功研制并部署了"东风"-21D和"东风"-26两种反舰弹道导弹。可以看出，中国已经建立起完善的海洋监视网络，并且结合已经相当完善的先进传感器及数据处理系统，反舰弹道导弹将使人民解放军具备对1500~2000千米内的航母等大型舰船发动精确打击的能力。这种威慑能力不是一般射程在100~400千米的反舰导弹可以比拟的。后续发展的性能提升可能会使此类导弹的射程延伸至3000千米，其复杂的"助推—滑翔"弹道将具有反制导弹防御的能力。推测其最终发展目标可能是，延伸这种精确的打击能力至8000千米以上。

5.3 舰空导弹的新方向——海上中段反导

美国反导系统在强调自身导弹防御能力建设的有效性和经济性的同时，正朝着建立美国主导的全球一体化导弹防御体系方向发展，以达到削弱对手的战略打击能力，并利用导弹防御保护伞控制其他国家的目的。这其中，由于在部署灵活性和技术成熟性上的特别优势，以改进型"宙斯盾"系统为基础的"海基反导力量"在美国中段反导体系中地位突出，成为值得关注的重中之重。更何况从2004年开始，美国开始实际部署海上"宙斯盾"中段弹道导弹防御系统，同时越来越多的国家也将"宙斯盾"系统作为新型防空舰队的标准配置。目前，全球正在服役与在建、待建的"宙斯盾"舰有100多艘，大部分集中在我国周边，一个针对性不言自明的海基中段反导系统已经若隐若现了。

反导系统按照拦截时机不同可分三类：助推段、中段和末段反导。助推段反导系统一般在弹道导弹发射后尚未投放弹头的时间内对其进行拦截；末段反导系统是在来袭弹头进入大气层并即将命中目标时，对其进行拦截；中段反导系统是拦截已被释放但还未进入大气层的弹头，利用舰载雷达和弹道导弹地面早期预警雷达发现已进入特定飞行状态的弹道导弹，计算和预计导弹飞行轨迹，并将这些参数发送给海上或陆基平台的火控雷

反舰弹道导弹
攻击假想图

达。当导弹经过预计拦截区域时，火控雷达引导超高空拦截弹摧毁来袭导弹。相比于助推段和末段，中段防御系统在整个反导系统中地位最重要，是中坚和核心。因为除射程较近的短程导弹外，所有弹道导弹的中段都是其飞行弹道中最长的一段，占全部弹道的80%以上，时间较长。大部分都处于大气层外，如洲际导弹中段飞行时间长达数千秒。

从以上分析可以看出，中段拦截的益处多多。首先，在敌方导弹尚处于发射后上升段时拦截，使来袭导弹坠毁于敌国境内，避免其携带的核生化物质落入己方国境内；其次，当来袭导弹飞越海面或沿海岸飞行时，可沿飞行弹道中段拦截；最后，可在靠近防御区域对来袭导弹末段拦截。所以，海基中段防御系统对来袭导弹能较好地使助推段、中段和末段防御形成协同作战，实现多层拦截，这是地基中段导弹防御系统难以做到的。简而言之，海基中段防御系统不仅拥有陆基反导系统所缺乏的强大机动性，而且不会引起陆基反导系统那样的国际政治纠纷，这其中的"进攻性因素"是显而易见的。

因此，中段防御有明显的技术优势。一是时间相对充裕，有可能实施多次拦截或将拦截任务转交给末段防御系统，整体拦截效率较高；二是大气层外拦截，附带损伤小，对大气层内基本不造成污染；三是防御空域大（是末段防御的20～100倍），对拦截导弹的部署地点设置要求较低；四是弹道相对固定和平稳，背景单纯一些，有利于比较精确地预测弹头或附带的分导弹头的飞行弹道。

不同类型的中段反导系统是美国不同反导思想的物化和载体。美国的中段反导系统包括地基中段防御系统（GMD）和海基中段防御系统（SMD）两大部分。由于海基中段防御系统部署于搭载有"宙斯盾"系统的"阿利·伯克"级导弹驱逐舰上，可以利用海军独特的机动灵活性，很方便在全球范围内快速机动和部署，因此它能在第一时间进入战区为先头部队提供弹道导弹防御支援，减轻敌方弹道导弹的威胁，而且可部署到敌国领海靠近导弹发射阵地的地方。

海基中段防御系统（SMD）是在原美国海军全战区防御（Navy theater wide，NTW）系统的基础上，通过改进和研制

垂直发射中的美国海基中段防御系统"标准"－3拦截导弹

相结合发展而来的。按照最初设计和配置，海基中段防御系统主要用于拦截中段飞行的短程和中程导弹，并作为前沿部署探测系统，在整个中段反导系统中担负探测、跟踪和监视各种射程弹道导弹的任务，为其他导弹防御系统提供信息支持。但按照现在的要求和配置，包括未来的发展，其功能还将得到很大拓展。海基中段防御系统未来还要用于拦截中段的远程和洲际弹道导弹，并担负助推段和末段拦截中程、远程和洲际弹道导弹的任务，从海上保护数百千米范围内的目标，同时担负对来袭弹道导弹的远程监视和跟踪任务，并为美国其他弹道导弹防御系统提供信息支援。比如，美国在2014年6月22日进行的一次关键性中段反导试验中，一枚远程陆基拦截导弹从位于加利福尼亚州的范登堡空军基地发射，拦截了一枚马绍尔群岛夸林环礁上美国陆军里根试验站发射的洲际弹道导弹靶弹。但非同寻常的是，这次陆基中段反导试验的火控和指挥由海基中段反导系统的"宙斯盾"舰艇完成。美国海军"霍珀"号导弹驱逐舰使用舰上的"宙斯盾"系统发现并跟踪了靶标。舰上的AN/SPY-1相控阵雷达通过指挥控制交战管理与通信系统为陆基中段导弹拦截弹火控系统提供相应数据。海基X波段雷达也跟踪了目标并将数据更新到陆基中段导弹拦截弹火控系统，以协助其进行目标拦截并搜集相应数据——这充分说明了海基中段防御系统在美国整个反导体系中的重要性。

"阿利·伯克"级导弹驱逐舰

而海基中段防御系统是以美国"阿利·伯克"级导弹驱逐舰上现有装备为基础，由进行过相应改装的"宙斯盾"系统和在原有"标准"-2舰空导弹基础上新研制的、速度更快的"标准"-3动能杀伤拦截弹组成。"标准"-3导弹是海基中段防御系统的拦截弹，该弹军方编号为RIM-161，用于在大气层外拦截来袭弹道导弹。目前该系统主要包括指挥控制与决策系统、MK41导弹垂直发射装置系统和AN/SPY-1E（AN/SPY-2）多功能相控阵雷达或新研制的高功率识别雷达三部分。指挥控制与决策系统是"宙斯盾"系统的大脑，它引导AN/SPY-1E搜索、捕获和跟踪目标导弹，制订交战计划，形成并下传作战指令。AN/SPY-1E雷达作为世界上第一种四面阵舰载相控阵雷达，是"反导型宙斯盾系统"的耳目，可直接接收预警卫星数据，对空中和海面目标（含隐身目标）自动搜索、探测、跟踪和监视，并对拦截导弹中段指令制导。MK41负责发射"标准"-3动能杀伤拦截弹。至于"标准"-3则是"宙斯盾"系统的拳头，它以大气层内防御使用的"标准"-2舰空导弹为基础，增加了第三级火箭发动机、1个GPS/惯性导航段（GPS辅助惯性导航系统，GAINS）、1个新的头锥和波音公司研制的第四级动能战斗部。动能战斗部是以依靠其高速飞行的巨大动能，通过直接碰撞拦截并摧毁来袭的弹道导弹。导弹增加第三级后有两个功能，首先提供附加速度和减少距离误差，有利于弹头更有效地拦截目标；其次利用上行数据链路提供的目标状态和GPS提供的自身状态制导修正航迹，即拦截弹制导可采用指令修正加GPS制导，提高拦截精度。"标准"-3发射后，各级发动机依次逐级点火和分离，到达目标导弹附近时动能战斗部分离，同时立即用其长波红外导引头探测、跟踪、识别目标导弹，确定瞄准点，并在其制导系统的控制下自动寻的，最后直接撞击目标导弹。值得注意的是，海基中段防御系统作为经过验证相对成熟的反导系统，不断在进行积极升级，主要表现在"宙斯盾"海基中段防御系统武器系统的

"标准"-3舰空导弹

版本不断提升。目前已服役的武器系统是"宙斯盾"BMD 3.6.1，正在测试的是"宙斯盾"BMD 4.0.1，未来还要升级为"宙斯盾"BMD 5.0和"宙斯盾"BMD 5.1/5.X。

目前全球共有31艘（含日本2艘）配备"标准"-3的"宙斯盾"舰具备拦截弹道导弹的能力，其身影出现在全球大部分海域。根据"宙斯盾"战舰部署位置的不同，"标准"-3导弹既可在大气层外拦截上升段和中段飞行的弹道导弹，也可在大气层外拦截下降段飞行的弹道导弹，但主要用于中段防御。日本三菱重工公司参与了"标准"-3 Block 2导弹的研制工作。1992年开始"标准"-3导弹的研制，目前已装备和在研的型号主要有4种，分别为"标准"-3 Block 1/1A、Block 1B、Block 2和Block2A导弹。2005年开始装备"标准"-3 Block 1导弹，"标准"-3 Block 2导弹尚处于研制阶段。"标准"-3导弹的单价为500万~1000万美元，日本是第二个装备该导弹的国家。

"标准"-3动能杀伤拦截弹在不断地改进中吸收了之前大量的成功经验，在提升作战能力的同时降低了研制成本，缩短了交付时间。"标准"-3导弹的研制工作分两个阶段实施。第一阶段，由美国海军负责研制并部署具有有限目标识别能力的、用于拦截近程至中程弹道导弹的"标准"-3 Block1 /1A和Block 1B导弹。2006年6月7日，雷锡恩公司获得价值4.24亿美元的合同，用于完成"标准"-3 Block 1A导弹的研制，并继续开发

"标准"-3 Block 1B导弹。除采用"标准"-2 Block4导弹的助推器和火箭发动机以及舵控制系统外，"标准"-3 Block1/1A还采用了第三级火箭发动机、改进的制导舱、动能战斗部和级间装置。

由于采取了边试验边部署、性能逐步成熟的发展策略，海基中段防御系统要比陆基系统更具有代表性和现实性。事实上，自2002年开始试验以来，部署海基中段防御系统的"宙斯盾"舰34次拦截试验28次取得成功，如2015年7月进行的一次陆基中段导弹拦截系统测试中，一枚加利福尼亚海岸发射的远程拦截导弹就未能拦截既定目标，这是该系统连续第四次遭遇失败。事实上，美国陆基中段反导系统从1997～2014年共进行过25次飞行试验，其中拦截试验17次，成功率仅为53%，而海基中段反导试验的成功率则高达82%。显然，这组鲜明的数字对比，足以使海基中段防御系统引起我们的特别关注。

当前，在美国的主导和支持下，以技术高度通用的"宙斯盾"舰为基础，美日韩这一海基中段反导的"三角阵"已经显现。美国是世界上拥有"宙斯盾"舰最多的国家，并将大部分具有导弹拦截能力的"宙斯盾"军舰部署在日本、夏威夷等太平洋地区。2007年，日本开始以每年一艘的速度对4艘"金刚"级驱逐舰进行改进升级，使其逐步拥有"宙斯盾"反导能力。目前，日本已经完成4艘"宙斯盾"驱逐舰的中段反导功能改造。除了用"金刚"级驱

日本搭载"宙斯盾"作战系统的"爱宕"级"妙高"号导弹驱逐舰

　第5章　海战导弹未来管窥

逐舰作为"宙斯盾"反导母舰外，日本还在发展更新的载体——"爱宕"级导弹驱逐舰。"爱宕"级是"金刚"级的改进型，目前该级驱逐舰的"爱宕"号、"足柄"号均已服役，但其反导能力仍在接受持续升级，尚未接受检验。从2014年7月初日本政府宣布计划解除长期以来对参与集体自卫军事行动的禁忌，到2015年9月正式通过"新安保法"，这一系列决定，将使日本"宙斯盾"导弹驱逐舰和美国的中段防御系统实现更全面的集成。

海基中段防御系统是美国弹道导弹防御系统的海基部分，也是美国历史上最成功、最具代表性的海军武器系统之一。有意思的是，由于海基中段防御系统的相对成功与陆基中段防御系统的相对失败，终于铸成了一款新型舰空导弹——"标准"-3动能杀伤拦截弹。不仅使得搭载该型导弹的"阿利·伯克"级导弹驱逐舰能够拦截低空飞行的反舰导弹和中高空飞行的飞行器，更使得其能够对来袭的弹道导弹进行拦截，从而使得"标准"系列舰空导弹从战术武器，一跃而成为一款准战略性武器，并且使其成为能左右一个地区进攻与防御平衡的海上战略性武器。